KB273902

자연은 성을
둘로 나누지 않는다

자연은 성을 둘로 나누지 않는다

모로하시 겐이치로 지음

김종현 옮김

바다출판사

자연의 성은 스펙트럼이다

'성 스펙트럼'이라는 단어를 들으면 어떤 의미가 떠오르는지요? 많은 분이 성 소수자를 우선적으로 떠올릴 것 같습니다(저 역시 처음에는 이 책에서 다루는 성 스펙트럼이 성 소수자를 위해 만들어진 단어일 거라고 오해했습니다). 혹은 이 단어가 남성과 여성이라는 생물학적 성의 개념을 부정하는 단어처럼 느끼는 사람도 있겠지요.

오해와 달리 성 스펙트럼이라는 개념은 단순히 성 소수자만을 의미하는 단어가 아니며 남성과 여성이라는 생물학적 성별의 개념, 자연과학적 사실을 부정하는 개념도 아닙니다. 이 책의 주제인 성 스펙트럼이란 말 그대로 생물학적 성별을 단순히 남성 아니면 여성으로 이분화해 보지 말고 연속적인 표현형의 범주에서 살펴보자는 개념입니다. 이는 성별이라는 생물학적 특성을 자연과학적으로 더 정확하게 바라보는 관점입니다.

일반적으로 인류 집단에서 남성은 여성보다 몸집이 크고 골격근이 발달했으며 낮은 목소리를 냅니다. 여성은 남성보다 몸집이 작고 가슴과 골반이 발달했으며 높은 목소리를 냅니다. 이는 분명히 통계적으로 유의한 사실입니다. 제가 전공하는 진화학에서는 성 선택 메커니즘에 의해 수컷과 암컷 사이 표현형 차이(성적 이형성)가 생겼다는 점을 아주 주의 깊게 다룹니다. 어쨌든 남성과 여성의 평균적인 특징이 다르다는 것은 누구도 부정할 수 없는 사실이라 생각합니다. 다만 이는 어디까지나 평균의 이야기일 뿐 모든 남성이 똑같은 몸집, 똑같은 근육량을 갖진 않습니다. 여성의 평균 키보다 작은 남성이 존재합니다. 반대로 전 배구선수 김연경처럼 남성의 평균 키를 훌쩍 넘는 여성도 존재합니다.

한편 이러한 각 개체의 생물학적 특징은 일평생 변하지 않고 유지되는 것도 아닙니다. 태어난 직후의 남자아이와 여자아이를 겉모습만으로 구별하기는 정말 쉽지 않습니다. 하지만 이차 성징을 겪으며 남자아이는 근육이 발달하고 목소리는 한층 낮아집니다. 여자아이 역시 여성적인 생물학적 특징들이 발달하죠. 이렇듯 '남성으로서의 생물학적 특징', '여성으로서의 생물학적 특징'은 같은 종 내 개체마다 차이가 있으며 한 개체의 일생으로 따져도 생애 주기에 따라 변화할 수 있습니다. 이러한 차이, 이러한 변화를 전부 인정하고 더 자연과학적으로 정확하게 분석해 보자는 것이 이 책의 핵심입니다.

저자 모로하시 겐이치로 교수는 자연계에 존재하는 생물 중 같은 종에 속하는 수컷, 같은 종에 속하는 암컷이라 할지라도 다양한 표현형을 나타낼 수 있다는 점에 주목한 후, 성 스펙트럼이라는 개념에 눈을 뜨게 되었습니다. 단순히 이분법적으로 성별을 바라보던 관점을 버리고 성 스펙트럼이라는 개념을 받아들인 뒤 분자적 관점에서 생물학적 성을 바라보는 연구 분야에서 상당한 업적을 남겼습니다. 그 성과를 인정받아 일본에서도 손꼽히는 대학 중 하나인 규슈 대학교에서 약 26년 동안 주임교수를 역임했습니다(현재는 구루메 대학교라는 작은 사립 대학교에서 객원 교수로 재직하고 있습니다.) 그러한 연구자의 첫 저서를 한국에 소개할 수 있는 기회를 얻게 되어 대단히 영광이라 생각합니다.

물론 처음에는 성 스펙트럼이라는 개념이 다소 낯설게 느껴질 수 있습니다. 어쩌면 지금까지 단순하게 받아들인 이분법적 성별 개념과는 다른 개념을 소개하는 이 책이 이질적으로 느껴질 수 있다는 점 역시 이해하고 있습니다. 다만 어디까지나 자연과학의 시선에서, 자연과학적 사실을 명확히 설명할 수 있는 아이디어로서 성 스펙트럼이라는 개념이 존재한다는 점을 여러분이 이해한다면 (설령 이 개념 자체를 받아들이지 못하겠다 해도 이러한 개념이 존재한다는 사실을 안다면) 저는 이 책을 번역한 행위 자체에서 큰 의의, 큰 보람을 느낄 수 있으리라 생각합니다.

옮긴이 김종현

2026년 2월

이 책의 원제에는 '성 스펙트럼'이라는 표현이 있습니다. 이 단어가 다소 낯설게 느껴지는 사람이 있으리라 생각합니다. "도대체 무슨 뜻일까?"하는 의문이 들었을 수 있겠네요.

'성'이라는 글자는 본성이나 천성처럼 '선천적인 성질'을 나타내기도 합니다. 다만 여기서 말하는 성은 암수, 즉 남성과 여성, 수컷과 암컷이라는 성별을 의미합니다.

'스펙트럼'이라는 표현이 낯설게 들릴지도 모르겠습니다. 혹시 '빛 스펙트럼'이라는 말은 들어본 적 있는지요? 태양광을 삼각 프리즘으로 분해해 보면 일곱 가지 색의 띠가 나타납니다. 이 일곱 색은 서로 인접한 색 사이 뚜렷한 경계가 있다기보다는 다음 색으로 점진적으로 변화하는 모습을 띱니다. 빨간색이 점점 주황색이 되고 노란색,

초록색, 파란색, 남색, 보라색으로 천천히 변합니다. 이렇게 경계가 뚜렷하지 않고 연속적으로 바뀌어 가는 일곱 가지 빛의 띠를 우리는 빛 스펙트럼이라 부릅니다.

성 스펙트럼이라는 단어에는 생물의 성을 연구해 온 연구자들이 최근 들어 비로소 깨달은 생각이 함축되어 있습니다. 빛 스펙트럼에서 빨간색, 주황색, 노란색이 그러데이션처럼 연속적으로 변했듯 생물의 성 역시 단 두 가지로 딱 잘라 구별되는 것이 아니라 연속적으로 존재하는 스펙트럼일 수 있다는 가설입니다. 즉 성 스펙트럼이란 '수컷부터 암컷까지 연속된 표현형으로서 성을 이해할 필요가 있다'는 새로운 접근 방식을 의미합니다.

저희 연구자들은 지금까지 생물의 성을 연구할 때 수컷의 반대편에 암컷을 놓거나 암컷의 반대편에 수컷을 놓고 두 성을 비교하면서 암수를 이해하려고 했습니다. 수컷과 암컷 사이 뚜렷한 경계를 설정하고 이들을 서로 반대편 양극단에 놓는 방식으로 성을 이해해 왔습니다.

그러나 이 책에서 아주 자세히 다루겠지만 어떠한 특징을 갖고 암수를 구별했다 해도 그러한 이분법적 구별에 꿰맞추기 힘든 중간형 개체가 있거나 때로는 그 특징이 역전된 암수가 아주 자연스럽게 존재합니다. 연구자들은 이런 사실을 이전부터 알고 있었기에 암수를 극단적인 대립 항으로 이해하는 데 위화감을 느껴 왔으나 안타깝게도 오랜 시간 고정관념에서 벗어나지 못했습니다.

저는 성 스펙트럼이라는 새로운 관점으로 연구를 이어가면서 오랫동안 느껴 온 위화감이 점차 사라졌습니다. 어쩌면 독자 여러분 중에서도 지금 시점에서 수컷과 암컷이라는 양극단으로 성을 이해하기보다는 연속된 스펙트럼으로서 성을 이해하는 편이 더 자연스러운 것 같다는 인상을 받은 사람이 있을 것 같습니다.

이 책에서는 이러한 성 스펙트럼이라는 새로운 사고방식이 어떻게 등장했는지, 생물의 성이 애초에 어떠한 메커니즘으로 생겨났는지를 해설하면서 성 스펙트럼 사고방식에 따라 성을 이해하는 것이 얼마나 자연스러운 것인지를 이야기하고자 합니다.

또한 이 책을 읽는 사람 중에는 스스로의 성에 위화감을 가진 사람도 있을 것입니다. 최근에 여기저기서 LGBTQ처럼 성 정체성의 이해를 향한 논의가 이뤄지고 있습니다. 성 정체성 인식이나 성적 지향은 뇌의 작용과 밀접하게 관련되어 있지만 뇌, 특히 인간의 뇌는 과학적으로는 아직 미개척지와 같아서 남성과 여성의 뇌가 어떻게 형성되고 유지되는지는 아직 많은 부분이 미해결 상태로 남아 있습니다.

하지만 뇌도 생물 신체의 일부분입니다. 따라서 신체의 성이 결정되는 것과 비슷한 메커니즘으로 뇌의 성도 결정되어 수컷에서 암컷까지 연속하는 표현형을 갖게 되는 건 아닌지 생각됩니다. 만약 그런 가정이 맞다면 인간 신체의 성별이 어떻게 정해지고, 어떻게 유지되는지, 그 기본적인 메커니즘을 파악하는 것이 뇌의 성을 이해하기 위해서도 중요하다고 할 수 있겠습니다. 조금 어렵게 느껴질 수도 있지만 이 책에서는 생물의 성별에 따른 차이, 즉 성차를 만드는 메커니즘을 설명하는 데 꽤 많은 페이지를 할당하고 있습니다.

저는 어린 시절, '연구 대상으로서의 성'의 매력에 빠져 그 후 30여 년에 걸쳐 연구를 진행해 왔습니다. 그리고 그동안 저라는 한 사람의 연구자가 지금껏 봐 온 생물의 성의 모습들을 전하고자 이 책을 썼습니다. 학술 연구 성과라는 것은 사회를 풍요롭게 만드는 것입니다. 단순히 새로운 기술이나 제품이 등장하거나, 새로운 치료법에 의해 불치병을 극복하거나, 눈에 띄는 발전만을 의미하는 것은 아닙니다. 문학이나 영화, 음악이 우리를 깊이 감동시키는 것처럼 기초 연구 역시 똑같은 감동을 선사합니다. 그 결과 기초 연구는 사회를 풍요롭게 만듭니다. 성 스펙트럼이라는, 성을 다루는 새로운 방식은 분명히 이 사회를 풍요롭게 만들어 주리라 생각합니다.

이런 생각을 하며 책을 쓰기 시작했지만 책을 쓰는 것은 논문을 쓰는 일과는 또 다른 느낌으로 어렵더군요. 연구자라는 생물체는, 동업자들에게 자신의 연구 성과를 발표하는 데에는 익숙하지만 일반 대중에게 설명하는 것은 매우 어렵다고 생각하는 작자입니다. 저 역시 시민 공개 강좌나 고등학생 대상 출장 강의에서 이야기를 할 기회가 많이 있었지만 생각대로 말이 잘되지 않아 답답했던 경험이 몇 번 있습니다.

역시 설명해야 하는 내용이 어렵기 때문이라고 생각합니다. 당연하게도 대학 연구실에서는 꽤 어려운 내용을 연구합니다. 간단한 내용은 연구할 가치가 없다고까지는 말할 수 없겠지만 이미 충분히 알려진 사실을 연구하는 데 소중한 시간을 소모하는 연구자는 없습니다. 얼마나 어렵기에 이렇게 말하는 거냐고 하면, 저희에게도 현기증이 날 정도로 어렵습니다.

제가 아직 연구의 기초적 사항부터 하나하나 배울 무렵의 일입니다. 대학 3학년까지는 (가끔 졸기도 하면서) 강의를 듣고, 학기 말이 되면 수면 시간을 쪼개 밤을 새우며 시험을 어떻게든 돌파하면서 굉장히 고리타분한 생활을 보낸 학생도, 4학년이 되면 각자가 희망하는 연구실에 재적하여 졸업 연구를 시작합니다. 연구실에서는 물론 실험을 합니다. 하지만 그 외에도 매주 랩 미팅을 열어 학생들이 순서를 정해 국제 학술지에 발표된 최신 논문을 소개하거나 연구실 선배들이 연구 결과를 발표하고 토론을 하기도 합니다. 저는 제 입으로 말하기 좀 그렇긴 합니다면 제 나름대로 공부를 잘했(다고 착각하고 있)던 학생으로, 지금에 와서 생각하면 조금 지나치다 싶을 정도로 자신을 갖고 연구실에 다녔습니다. 하지만 랩 미팅에 처음 출석했을 때에는 현기증을 느꼈습니다. 무엇을 논의하고 있는지조차 제대로 이해할 수 없었기 때문입니다. 그동안 시험 대비를 위해 밤샘 벼락치기로 축적해 온 지식만으로는 연구실에서 이뤄지는 토론을 따라갈 수 없었습니다. 저로서는 어찌할 도리가 없는, 말 그대로 침몰한 기분이었습니다.

그처럼 최전선에 있는 과학 연구는 때로는 눈이 핑핑 돌 만큼 어렵습니다. 다만 이 책에서는 성 연구의 최전선에서 어떤 연구가 이뤄지고 있는지, 어떤 연구가 이뤄지려 하는지에 대해 최대한 쉽게 설명하겠습니다. 부디 이 책을 읽으며 눈이 핑핑 도는 일이 없기를 바라며 설명을 시작하겠습니다.

　* 이 책에서는 '남성과 여성' '수컷과 암컷'이라는 표현이 자주 등장합니다. 어느 쪽이 먼저 와도 상관은 없지만 서술을 할 때는 대부분의 경우 '수컷' 또는 '남성'을 먼저 기술하고 있습니다. 순서에 특별한 의미를 두고 있지는 않습니다.

차례

1장
우리는 정말로 암수를 정확히 나눌 수 있을까?

수컷과 암컷 – 두 표현형은 서로 대립하는가?

　당연하다고 생각할 수 있는 질문이지만 여러분은 수컷이란 어떤 생물인지, 암컷이란 어떤 생물인지 설명할 수 있나요? 조금 전문적인 표현으로 바꾸면 "수컷과 암컷의 생물학적 정의를 알고 있는가"라는 질문이 되겠네요. 이 질문에 대답하는 건 생각보다 어려울지도 모릅니다.

　많은 분이 '생식 기관의 차이'로 구별할 수 있다고 지적했으리라 생각합니다. 물론 그것도 맞는 말이긴 합니다만 우선은 신체 형태에 주목해 보겠습니다.

　그림 1에는 인간 남성과 여성이 그려져 있습니다. "왼쪽이 남자, 오른쪽이 여자"라는 말에 이의를 제기하는 분은 아마 없으리라 생각합니다. 이 그림에서는 넓은 어깨,

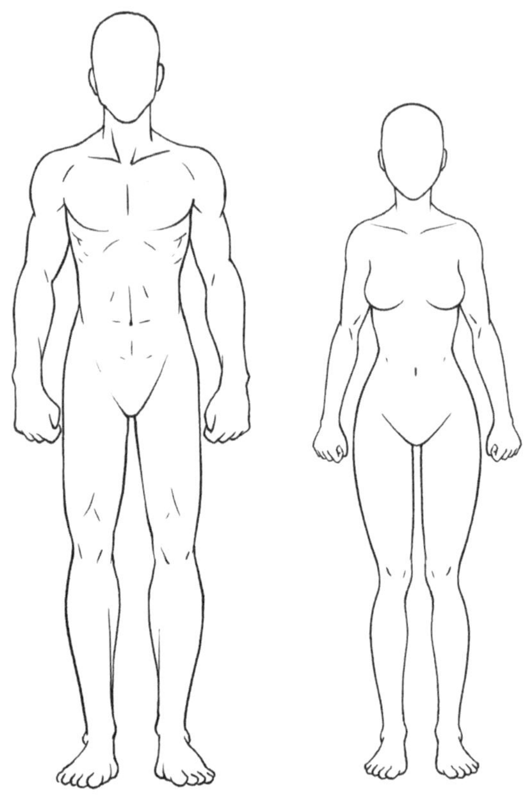

그림 1.

근육이 울룩불룩한 가슴(대흉근)과 허벅지(대퇴사두근) 같
은 남성 특유의 신체 형태, 그리고 풍만한 가슴과 잘록한
허리, 큰 골반과 같은 여성 특유의 신체 형태가 강조되어
그려져 있기 때문에 남녀를 쉽게 구별할 수 있었을 것입
니다.

우리는 지금까지 수컷과 암컷의 차이를 이해하기 위해 이렇게 암수 간 눈에 띄는 특징들에 주목해 왔습니다. 그 결과 수컷의 반대편에 암컷이, 반대로 암컷의 반대편에 수컷이 있다고 놓고 성을 논했습니다. 외형뿐 아니라 행동 패턴, 세포나 유전자의 양상 등 다양한 관점에서 성을 논의할 때에도 마찬가지였습니다. 쉽게 구별할 수 있는 특징에 주목하여 암수를 양극단 반대편에 있는 것처럼 본 것입니다.

하지만 들어가는 글에서 말했듯이 과학자들은 두 성을 언제나 서로 대립하는 표현형으로 다루는 것이 적절하지 않다는 사실을 오래전부터 다양한 생물을 통해 알고 있었습니다. 우선 그러한 특징을 가진 생물, 특히 형태만 갖고는 암수를 판별할 수 없는 생물을 몇 종류 소개하겠습니다. 그런 다음 당시의 연구자들이 이 생물에게서 느낀 의문점을 공유하겠습니다.

목도리도요 수컷의 세 종류

그림 2를 주목해 주시기 바랍니다. 목도리도요라는 새입니다. 그림 2에는 서로 다른 개체의 사진이 네 장 나열되어 있습니다. 하지만 이 중 가장 오른쪽 한 장만이 암컷

그림 2. 세 종류의 목도리도요 수컷(맨 왼쪽부터 세 마리)과 목도리도요 암컷.

이고 나머지 세 장은 모두 수컷입니다.

맨 왼쪽에 있는 목도리도요는 목둘레에 짙은 갈색의 아주 풍성한 목도리를 두르고 있으며 강인한 인상을 줍니다. 이 개체가 목도리도요의 전형적인 수컷입니다. 이 수컷은 자기만의 세력권(영역)을 갖고 있습니다. 다른 수컷이 영역에 침범해 들어오면 격렬하게 공격해서 내쫓습니다.

왼쪽에서 두 번째 수컷은 목도리와 몸의 일부가 흰색입니다. 왼편 수컷보다는 덜 위압적으로 보입니다. 실제로 이 수컷은 자신의 영역을 주장하지 않습니다. 그 대신에 다른 수컷 개체의 영역에 침입하여 짝짓기를 시도합니다. 이때 흰색 목도리도요는 갈색 목도리도요와 싸우면 지기 때문에 암컷과 짝짓기를 하기가 쉽지만은 않습

니다. 하지만 그 세력권 내에 여러 마리의 암컷이 있을 때
에는 짝짓기 기회가 돌아오기도 합니다(그림 3).

흰색 수컷이라는 표현형도 기묘하긴 합니다만 세 번째
수컷은 그보다도 훨씬 기묘합니다. 이 유형의 수컷은 암
컷과 아주 똑 닮은 깃털을 갖고 있습니다. 크기도 암컷과
상당히 비슷합니다. 몸집과 깃털 색이 오른쪽 암컷과 매
우 흡사하기 때문에 이러한 수컷들을 '암컷 의태형 수컷'
이라 부릅니다.

이러한 암컷 의태형 수컷은 당연하게도 영역을 주장하
지 않고 심지어 암컷과 비슷하게 생겼기 때문에 수컷에
게 쫓겨나지도 않습니다. 그러한 점을 활용하여 강해 보
이는 수컷의 눈을 속이고 암컷과 교미하여 자신의 자손

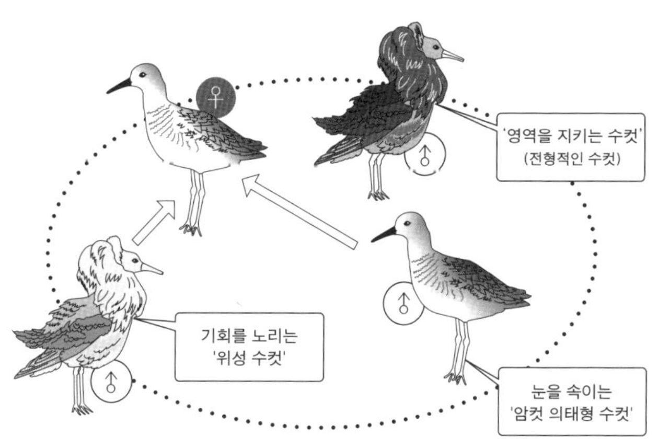

그림 3. 세 종류의 목도리도요 수컷의 서로 다른 번식 전략.

을 남깁니다. 흰색 수컷보다 훨씬 교묘한 전략입니다.

강한 수컷이 자신의 영역을 주장하며 그곳에 암컷들을 가둬 둔다면 약한 수컷은 자신의 자손을 남길 수 없습니다. 하지만 우연히 암컷을 흉내 낸 개체들이 출현했고 초기에는 매우 드물게 존재했겠지만 번식 전략이 성공을 거두며 빈도가 점차 증가했을 것으로 보입니다. 그 후 의태는 더욱 교묘해지고 이와 동시에 자손을 남길 확률도 증가하여 현재에 이르렀다고 생각됩니다. 암컷 의태형 수컷이 어떤 방식으로 탄생했는지에 대해서는 아직 연구가 진행 중이며 유전자 변이의 축적이 이러한 의태를 가능하게 했을 것으로 여겨집니다.[1,2]

목도리도요의 경우 수컷의 깃털 표현형이 다양하여 자기 영역을 주장하는 강한 수컷의 깃털부터 거의 암컷과 비슷한 깃털(암컷 의태형 수컷)까지 넓은 범위에서 분포하고 있습니다. 그 결과 깃털만으로 암수를 판별하는 것이 (당사자인 목도리도요마저) 어려워진 것입니다.

이와 유사한 또 다른 예로 '개구리매'라는 새를 소개하겠습니다. 개구리매 역시 수컷과 암컷의 깃털 색이 다르지만 무려 40%나 되는 수컷이 암컷 의태형 수컷입니다. 이들의 깃털은 암컷과 상당히 흡사합니다. 목도리도요처럼, 강한 개구리매 수컷은 자신만의 영역을 가져 다른 수컷이 영역에 침입하면 바로 공격합니다. 암컷 의태형 수컷은 영역을 가지지 않으며 영역을 가진 수컷에게 공격받는 정도도 적다는 사실이 실험을 통해 보고된 바 있습니다.[3]

이렇게 개구리매 수컷에게도 '전형적인 수컷'과 '암컷 의태형'이라는 깃털 패턴이 존재하며 깃털만으로는 암수를 명확히 판단하기 어렵습니다.

치어를 흉내 내는 블루길 수컷

어류 중에도 목도리도요와 비슷한 사례가 존재합니다. 혹시 '블루길'이라는 물고기를 들어 본 적 있습니까? 북아메리카 대륙 원산의 담수어입니다. 일본에서는 '특정 외래생물에 의한 생태계 피해 방지에 관한 법률'에 의해 '특정 외래 생물'로 지정되어 있습니다. (한국 역시 '생물다양성 보전 및 이용에 관한 법률'에 의해 '생태계 교란종'으로 지정되어 있다-옮긴이) 일본의 늪이나 호수, 하천 생태계의 보전, 특히 고유한 어종을 보전하기 위해 각 지역에서 번식한 블루길 구제가 진행되고 있습니다.

블루길 수컷도 목도리도요와 비슷한 특징을 갖고 있습니다. 블루길 수컷은 영역을 갖는 수컷, 암컷 의태형 수컷, '스니커Sneaker'라는 세 종류로 분류합니다.

영역을 주장하는 수컷과 암컷 의태형 수컷은 목도리도요에서 살펴본 그대로입니다. 그렇다면 과연 세 번째, 스니커란 어떤 개체일까요? 스니커는 영어의 '스니크Sneak'를 어원으로 하는 단어입니다. 스니크란 '스리슬쩍 움직이다, 몰래 드나들다, 살금살금 돌아다니다'라는 의미의 동사입니다. 따라서 스니커는 '스리슬쩍 움직이는 자' 정도로 이해할 수 있습니다.

목도리도요 수컷처럼 블루길 수컷의 번식 행동도 세 종류가 다 다릅니다. 블루길은 얕은 수역 바닥에 그릇처럼 움푹 파인 산란장을 만들어 그 안에 산란을 합니다. 영역을 가진 수컷은 산란장을 만들고 암컷을 기다립니다. 산란장을 찾아온 암컷은 거기서 체외로 난자를 배출하고 이와 동시에 수컷이 사정을 하면 수정이 이뤄집니다. 암컷 의태형 수컷은 암컷과 비슷한 몸집에 암컷과 비슷한 행동을 하기 때문에 영역을 가진 수컷에게 쫓겨나지 않습니다. 산란장에서 수컷과 암컷이 난자와 정자를 배출하려는 때에 자신의 정자를 흩뿌려 수정에 성공합니다.

스니커는 암컷 의태형 수컷보다 훨씬 작습니다. 크기는 치어와 거의 비슷하지만 엄연히 성체 수컷이므로 정자를 생성할 수 있습니다. 스니커도 전형적인 수컷에 의해 영역 밖으로 쫓겨나지 않습니다. 스니커는 암컷 의태형 수컷처럼 배란 중인 암컷 주변에 몰래 다가가 정자를 배출해서 수정에 성공합니다.

　암컷 의태형 수컷이나 스니커 수컷은 다른 어종에서도 의외로 흔하게 존재합니다. 이렇게 조류의 사례와 마찬가지로 영역을 주장하는 전형적인 수컷, 암컷 의태형, 치어 크기의 스니커까지 다양한 형태가 있기 때문에 겉모습만으로는 수컷과 암컷을 쉽게 구별하기가 어렵습니다.

암컷을 따라 하는 수컷, 수컷을 따라 하는 암컷 — 잠자리

　저는 어릴 적에 시골에서 자랐습니다. 여름이 되면 잠자리나 매미를 쫓아다녔습니다. 물론 곤충들도 어린애가 쫓아온다고 쉽게 잡힐 만큼 멍청하진 않았기 때문에 채집은 좀처럼 쉽지 않았습니다. 그래도 가끔은 요행이라 불릴 만한 순간이 찾아와서 운 좋게 한 마리 잡기도 했습니다. 눈을 감고 생각해 보세요. 밀짚모자를 쓴 어린아이가 곤충채집 상자를 어깨에 메고 땀에 젖어 가며 살금살금 다가가 곤충을 노리는 장면을 말입니다. 그런 아이를 딱하게 생각한 나머지 잠깐 방심한 순간, 정신을 차려 보니 이미 잠자리채 그물망에 갇힌 잠자리나 매미가 있었다 해도 그리 이상하지 않겠지요. 이번에는 그런 마음씨 따뜻한 잠자리의 암수 이야기로 들어가 보겠습니다.

잠자리는 암수에 따라 몸 색깔이 다른 경우가 많다는 것, 혹시 알고 있었나요? 밀잠자리가 대표적인 예입니다. 같은 종임에도 불구하고 성충이 되어 날개가 돋은 직후부터 완전히 성숙해 가면서 색이 변합니다. 보통은 완전히 성숙하면 수컷은 청백색, 암컷은 담황색이 됩니다. 고추잠자리 역시 암수의 색이 다릅니다. 일반적으로 선명한 붉은 빛을 내는 것이 수컷이며 노란빛이 약간 도는 주황색을 띠는 것이 암컷입니다. 이처럼 성별에 따른 색 차이가 어떻게 생기는지는 후타하시 료 연구팀이 밝혀낸 바 있으며 그 메커니즘에 대해서는 다음 장에서 설명하겠습니다.[4]

이렇게 수컷과 암컷의 색이 다른 경우에는 앞서 본 것처럼 암수의 의태형이 나타나기 마련입니다. 이미 암컷 의태형 수컷이나 스니커의 예를 소개했지만 잠자리 중에서도 암컷 의태형 수컷이 존재하는 종류가 있습니다.[5] 예를 들어 일본 실잠자리 수컷은 주황색 날개를 갖는 데 반해 암컷은 투명한 날개를 갖고 있습니다. 이러한 잠자리 중에 투명한 날개를 갖는 수컷, 즉 암컷 의태형 수컷이 존재합니다. 목도리도요 수컷처럼 일본 실잠자리 수컷도 자신만의 영역을 갖고 다른 수컷이 영역에 들어오면 쫓아냅니다. 하지만 암컷 의태형 수컷은 영역 주인에게서 쫓겨나지 않습니다. 앞서 본 예시들과 똑같이 암컷 의태형 수컷은 다른 강한 수컷의 눈을 속여 짝짓기에 성공하여 자신의 자손을 남깁니다.

흥미롭게도 잠자리 개체 중에는 이와는 정반대의 의태, 즉 수컷 의태형 암컷도 존재합니다. 고추잠자리 암컷 중에는 수컷처럼 붉은색을 띠는 개체가 존재합니다. 마찬가지로 원래 담황색을 띠어야 하는 밀잠자리 암컷 중에도 수컷처럼 청백색을 띠는 개체가 존재합니다. 이러한 수컷 의태형 암컷이 등장한 이유는 다음과 같이 설명합니다. 암컷은 짝짓기 후 연못이나 늪 등에 알을 낳습니다. 이때 수컷이 교미를 하기 위해 암컷에게 다가와 암컷의 산란 행동을 방해하는 경우가 있습니다. 수컷 의태형 암컷은 그러한 수컷의 방해 행동을 적게 받는 효과가 있기 때문에 더 효율적으로 산란을 할 수 있습니다.

이처럼 잠자리에는 암컷 의태형 수컷과 수컷 의태형 암컷이 존재하는 종이 있으며 각각 암컷의 몸 색깔과 수컷의 몸 색깔의 다양성을 낳습니다. 그 결과 이러한 잠자리 종에서는 색깔만으로는 암수를 판별하는 것이 불가능합니다.

수컷 vs 암컷이라는 허구의 대립 축

목도리도요부터 잠자리에 이르기까지 외형만으로 암수를 판별하기 어려운 조금 독특한 생물 종의 예를 들어 보았습니다. 다시 강조하자면 이런 예는 결코 드물거나 특별한 것이 아닙니다. 예시로 든 생물 이외에도 자연계에는 외형만으로 암수를 구별하기 어려운 사례가 많이 있습니다. 그러므로 이들이 '예외적인' 생물인 것은 아닙니다.

앞서 살펴본 특징을 정리해 보면 이렇습니다. 전형적인 수컷 이외에도 암컷 의태형 수컷(암컷과 매우 유사한 수컷)과 스니커 수컷의 존재 덕분에 수컷의 표현형이 폭넓게 분포하는 생물, 그 반대로 전형적인 암컷 이외에도 수컷 의태형 암컷(수컷과 매우 유사하게 생긴 암컷)이 존재하여 암컷의 표현형이 폭넓게 분포하는 생물이 있습니다.

원래는 수컷과 암컷의 형태와 색, 몸집 크기가 달랐고 그 덕분에 자손을 남기기 위한 번식 활동이 효과적으로 이뤄질 수 있었을 것입니다. 그럼에도 이렇게 암수 구별이 어려운 개체들이 진화 과정에서 출현했다는 사실은, 생물이 더 효율적으로 다음 세대를 남기기 위한 생존 전략이라고 생각하면 상당히 흥미롭습니다. 또한 이러한 생물 종을 통해 우리는 다음과 같은 가능성을 엿볼 수 있습니다. 즉 암수의 외형적 특징은 절대적인 것이 아니며 수컷에서 암컷으로, 암컷에서 수컷으로 크게 변화 가능한 능력을 많은 생물이 갖추고 있을 수 있다는 것입니다. 그렇다면 이런 능력은 인간에게도 있을까요?

앞서 **그림 1**을 보면서 사람의 남녀는 외형적 특징을 통해 간단하게 구별할 수 있다고 말씀드렸습니다. 하지만 목도리도요, 블루길, 일본 실잠자리의 사례를 떠올려 보면 사람의 성별 역시 그리 간단하게 나눌 수 없을지도 모른다는 의구심이 들었을 것입니다. 여기서 다시 한번 인간 남녀를 과연 그렇게 쉽게 구별할 수 있는지 생각해 봅시다.

그림 1에 그려진 전형적인 남녀가, **그림 2**의 목도리도요 중 어느 타입에 해당하는 지 생각해 봅시다. 아마도 남성은 짙은 갈색의 풍성한 목도리를 두르고 있으며 자신의 영역을 주장하는 수컷에 해당하며 여성은 암컷에 해당합니다. 그렇다면 전형적인 수컷과 암컷 사이에 위치한 목도리도요 수컷(암컷 의태형 수컷)에 해당하는 개제는, 인간에게도 존재할까요? 다시 말해 전형적인 남성과 전형적인 여성 사이 어딘가에 해당하는 표현형을 가진 사람이 존재할까요?

그림 4를 함께 보겠습니다. 양 끝에 있는 인물은 그림 1에 등장했던 전형적인 남성 및 여성과 거의 같은 특징을

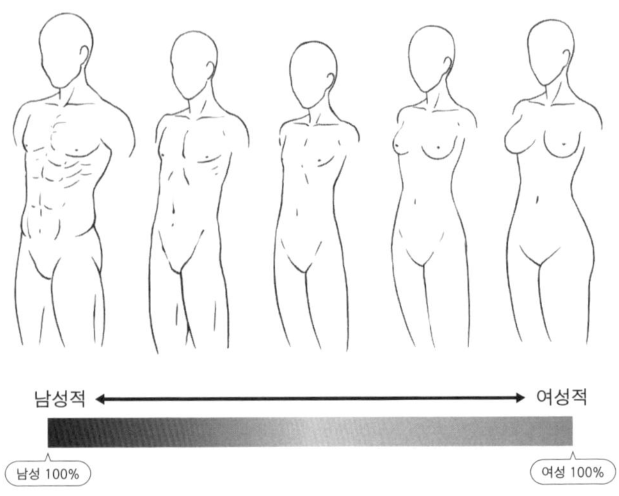

그림 4. 스펙트럼상에 분포하는 남녀.

갖고 있습니다. 한편 이 두 사람 사이에 위치한 인물은 남성적 특징과 여성적 특징이 비교적 약하게 표현되어 있습니다. 따라서 외형만으로 성별을 판별할 수 있느냐고 한다면 중앙에 가까울수록 구별하기 어려울 것입니다. 목도리도요나 일본 실잠자리의 암수를 쉽게 구별하기 어려웠던 것과 마찬가지입니다. 즉 그림 속 중앙에 위치한 인물이 암컷 의태형 수컷이나 수컷 의태형 암컷에 대응하는 위치라고 생각할 수 있습니다.

물론 인간에게는 수컷 의태형 암컷이나 암컷 의태형 수컷, 혹은 스니커가 존재할 리 없습니다. 어디까지나 단순히 외형적인 특징만을 기준으로 남녀를 줄지어 세우면 중간에 위치시킬 수 있는 인간이 존재한다는 이야기입니다. 더욱이 양쪽 끝에 있는 남성과 여성처럼 눈에 띄는 성적 특징을 갖는 남녀도 있긴 하지만 그들이 결코 다수파인 것은 아닙니다. 실제로는 이 둘의 사이, 다양한 지점에 위치하는 사람이 다수를 점하고 있습니다.

그렇다면 남성(수컷)과 여성(암컷)을 양극단에 위치시킨 채 이루어져 온 지금까지의 성 연구는 극단적인 사례만을 대상으로 논의를 이어온 셈일지도 모릅니다. 그런 방식은 성이라는 개념의 본질을 이해하기에는 적절하지 않았을지도 모릅니다.

예를 들어 지금까지 저는 "남성의 골격근은 여성의 골격근보다 굵다"라는 통념에 기반하여 "어째서 남성의 골격근은 여성의 골격근보다 굵은가?"를 연구해 왔습니다. 어떠한 메커니즘으로 남성의 골격근이 여성보다 커진 것인지를 밝혀온 것입니다. 하지만 애초에 그 연구의 전제가 되는 "남성의 골격근은 여성의 골격근보다 굵다"라는 사실은 모든 남녀에게 적용되지 않습니다. 골격근이 가는 남성이나 골격근이 굵은 여성도 있기 때문입니다. 그럼에도 저는 "남성의 골격근은 여성의 골격근보다 굵다"라는 상식에 기반하여 연구를 진행해 왔습니다.

즉 연구자가 존재하지도 않는 남녀의 대립 축, 말하자

면 '허구의 대립 축'을 믿으며 연구를 해 왔던 건지도 모르겠습니다. 그러한 연구에서 얻은 성과가 틀렸다고 말하는 것은 아닙니다. 하지만 전제로서 벗어나는 수많은 사실을 못 본 척하며 진행해 온 연구는 중요한 무언가를 놓치고 있었을지도 모릅니다.

'성 스펙트럼'이라는 사고방식을 통해 볼 수 있는 것들

그렇다면 생물의 성을 어떻게 파악해야 성의 본질을 이해할 수 있는 걸까요?

암수 의태형이나 스니커의 존재를 통해 이해할 수 있는 것은 수컷이라도 암컷에 가까운 표현형을 보일 수 있으며 암컷이라도 수컷에 가까운 표현형을 나타낼 수 있다는 사실입니다. 다시 말해 성은 단지 수컷과 암컷이라는 두 극단적인 범주로만 이해할 것이 아니라 그 사이를 유연하게 연결하는 연속적인 스펙트럼 안에서 다양하게 표현될 수 있다는 것입니다. 따라서 특정한 신체적 특징에 주목할 때 단순히 '수컷 100%'만 있는 게 아니라 그보다 수컷의 비율이 낮은 '수컷 80%'나 '수컷 50%'와 같은 다양한 수준의 표현형이 존재할 수 있습니다. 마찬가지로 '암컷 100%' 뿐 아니라 '암컷 80%'나 '암컷 40%'와 같은 표현형이 존재할 수 있습니다. 이처럼 성이란 다양한 수준으로 존재할 수 있습니다. 이것이 성 스펙트럼이라는, 성을 이해하는 새로운 사고방식입니다. 목도리도요 표현형을 통해 구체적으로 살펴봅시다.

풍성하고 강인해 보이는 목도리를 지닌 전형적인 수컷을 수컷 100%라고 본다면 개중 목도리가 약간 덜 두터운 개체는 수컷 95% 정도라고 볼 수 있을 것입니다. 흰색 목도리를 두른 개체는 수컷 70%라고 볼 수 있겠네요. 깃털과 몸집이 암컷과 똑 닮은 수컷은 수컷 50% 정도로 위치시킬 수 있고요.

마찬가지로 **그림 4**에 나타난 사람의 신체 역시 이러한 사고를 적용할 수 있습니다. 맨 왼쪽 남성을 수컷(남성) 100%, 맨 오른쪽 여성을 암컷(여성) 100%라고 한다면 그 둘 사이에 위치한 사람은 수컷(남성) 70%나 암컷(여성) 60% 정도로 위치시킬 수 있을 것입니다. 이처럼 어떠한 특징에 주목하여 여러 개체를 수컷(또는 남성)에서 암컷(또는 여성)에 이르기까지 줄지어 세우면 수컷(남성)과 암컷(여성) 사이에 명료한 경계가 있는 것이 아니라 오히려 다양성 속에서 연속된 변화를 보인다는 사실을 알 수 있습니다. 이것이 바로 성 스펙트럼입니다.

지금까지 자연계에 존재하는 수많은 사례를 소개하면서 성 스펙트럼이라는, 성을 이해하는 새로운 방식의 기초적 틀을 말했습니다. 그렇다면 성 스펙트럼상의 위치는 선천적인 특성, 즉 그 개체가 탄생함과 동시에 이미 정해지며 고정되어 절대 변하지 않는 것일까요?

꼭 그렇지만은 않습니다. 성은 고정된 것이 아닙니다. 생애를 거치며 성 스펙트럼상에서의 위치는 계속해서 변화합니다. 그게 과연 무슨 의미인지 다음 장에서 설명하겠습니다.

2장
성은 평생 동안 끊임없이 변한다

성을 변화시키는 '네 가지 힘'

지금까지 남성과 여성, 수컷과 암컷은 경계를 확실히 두고 나눌 수 있는 것이 아니라 연속된 표현형상에 있다는 점을 보여 주고 이러한 성의 특징을 성 스펙트럼이라고 설명했습니다. 이미 언급했지만 이러한 성 스펙트럼상에서 차지하는 위치는 개체마다 다릅니다. 이번 장에서는 성 스펙트럼상에서의 위치에 관한 또 한 가지 중요한 특징에 대해 살펴보겠습니다.

바로 '개체가 성 스펙트럼상에서 차지하는 위치는 일정하지 않다'는 특징입니다. 이는 수컷 95% 상태의 개체가 시간이 지나면서 점차 수컷 60%로 변하거나 암컷 65% 상태의 개체가 암컷 90%까지 변화한다는 것을 가리

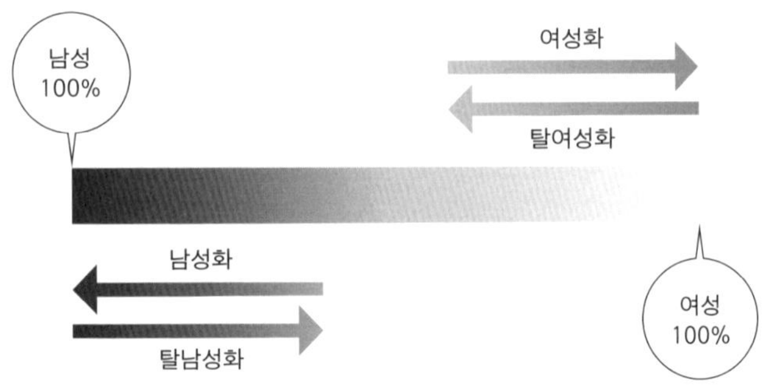

그림 5. 성 스펙트럼상에서의 위치를 변화시키는 네 가지 힘.

킵니다.

더 자세히 다루겠지만 성 스펙트럼상의 위치는 평생에 걸쳐 변하며 특히 인간 여성의 경우는 성 주기(월경 주기)나 임신, 폐경 등에 의해 강한 영향을 받습니다. 그렇다면 그 성 스펙트럼상에서의 위치는 어떻게 결정되는 걸까요? 그림 5에 나타나 있듯 변화를 일으키기 위해서는 네 가지 힘이 필요합니다. 이 네 가지 힘에 의해 개체는 성 스펙트럼상에서 이동할 수 있습니다.

첫 번째 힘은 남성을 남성(수컷) 100% 쪽으로 이동시키는 힘입니다. 이를 '남성화' 혹은 '수컷화'라고 부르겠습니다. 두 번째는 여성을 여성(암컷) 100% 쪽으로 이동시키는 힘이며 이것을 '여성화' 혹은 '암컷화'라고 부르겠습니다. 하지만 이 두 가지 힘만 존재한다면 성 스펙트럼상에서의 위치는 양쪽 말단 방향으로밖에 움직이지 않을 것입니다. 이 두 가지 힘과 더불어 역방향으로 이동시키는 힘이 있기 때문에 양방향으로의 이동이 가능해집니다. 바로 세 번째와 네 번째 힘, 즉 남성(수컷) 100% 상태에서 중앙 쪽으로 이동시키는 '탈남성화(탈수컷화)', 여성(암컷) 100% 상태에서 중앙 쪽으로 이동시키는 '탈여성화(탈암컷화)'입니다. 물론 여기서 나오는 남성화, 여성화라는 단어는 어디까지나 '생물학적 특성'으로서의 변화를 의미하는 것이므로 오해 없기를 바라겠습니다.

우리의 성이 성 스펙트럼상에서 이동하여 어느 위치에 자리 잡게 되는지는 이 네 가지 힘이 만드는 균형에 달려 있습니다. 여기서 실제로 그런 힘이 존재하는지 의문을 갖는 사람이 있을 것입니다. 또 그런 힘이 있다는 사실을 받아들였다 해도 그 힘의 실체가 과연 무엇인지 쉽게 떠올리기 어려운 사람도 있으리라 생각합니다. 그렇다면 여기서 이 힘들이 과연 어떻게 만들어지는지 보겠습니다.

이후에 자세히 살펴볼 예정이므로 여기서는 간난히 개요만 소개하겠습니다. 네 가지 힘을 만들어 내는 인자는 크게 두 가지가 있습니다. 첫 번째는 바로 '성 호르몬', 즉 남성 호르몬과 여성 호르몬입니다. 나머지 한 가지는 바로 '성 염색체', 즉 X 염색체와 Y 염색체입니다. 이것들이 바로 성 스펙트럼상에서의 위치를 결정하는 힘의 실체입니다.

우선 전자는 비교적 쉽게 이미지를 떠올릴 수 있을 것입니다. 구체적으로는 남성 호르몬은 남성화 하는 힘, 여성 호르몬은 여성화 하는 힘으로 작용합니다. 반대로 성 호르몬의 양이 줄면 탈남성화, 탈여성화가 진행됩니다. 따라서 이런 성 호르몬을 체내에서 줄이는 체내 현상이나 인위적인 조작은 탈남성화나 탈여성화를 일으키는 힘이 됩니다. 성 염색체도 이러한 힘의 원천이긴 합니다. 다만 메커니즘이 조금 복잡하기 때문에 여기서는 우선 성 호르몬이 어떻게 작용하는지부터 설명하겠습니다.

성은 평생 동안 끊임없이 변한다

"우리의 성은 네 가지 힘에 의해 성 스펙트럼상에서 움직이며 수컷과 암컷 사이 다양한 수준에서 성이 결정된다"라는 말을 해도 그다지 와닿지 않는 사람이 많을 것입니다. 우선은 실제로 성이 성 스펙트럼상에서 바뀐다는 사실, 그리고 평생 동안 끊임없이 변한다는 사실을 알려주는 예시를 몇 가지 소개하겠습니다.

인간의 일생을 생각해 봅시다. 태어난 직후의 갓난아기에게도 성별은 존재합니다. 하지만 겉으로 드러난 생식기의 형태만이 분간 대상이 될 뿐 그 외의 신체적 특징으로는 성별을 판단하기 어렵습니다. 따라서 갓난아기의 성은 성 스펙트럼상에서 거의 중앙에 있습니다. 영유아 단계에서도 남녀 사이 골격근이나 지방의 형태 등에서 뚜렷한 차이를 나타내지는 않습니다. 성인 남녀와 비교해서 아직 성적으로 미성숙 단계에 있기 때문입니다.

성 스펙트럼상 위치가 크게 변하는 것이 바로 사춘기입니다. 성적 성숙이 시작되는 사춘기에 접어들면 사람의 신체에는 남녀의 특징이 뚜렷하게 드러나기 시작합니다. 따라서 성 스펙트럼상 위치는 중심 부근에서 양쪽 말단 방향으로 이동합니다. 그 후 노년기에 들어서면 이러한 특징이 다시 옅어지며 중심 쪽으로 이동합니다(그림 6). 이런 식으로 생애 주기 동안 인간의 성 스펙트럼상 위치는 일정한 위치에 머물러 있는 게 아니라 연령에 따라 계속 바뀔 수 있습니다. 이러한 변화를 앞서 나온 네 가지 힘으로 설명해 보겠습니다.

사춘기 이전 아이들의 혈중 성 호르몬 농도는 거의 0에 가깝기 때문에 남성화 혹은 여성화를 일으키는 힘도 거의 작용하지 않습니다. 따라서 이 시기의 성 스펙트럼상의 위치는 남녀 모두 거의 중심 가까이에 위치합니다. 사춘기가 오면 남성 호르몬, 여성 호르몬 생산이 활발해집니다. 성 호르몬의 혈중 농도가 상승하면 각각 남성화, 여성화를 일으키는 힘이 온몸에 강하게 작용하기 시작하며

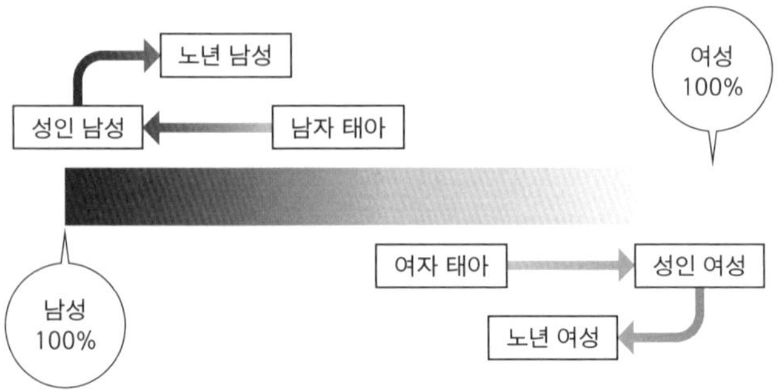

그림 6. 연령에 따른 성 스펙트럼.

남녀의 특징이 뚜렷하게 나타납니다. 따라서 이 시기 성 스펙트럼상의 위치는 양쪽 끝을 향해 크게 이동합니다. 남녀 모두 10대 후반에서 20대 초반에 걸쳐 성 호르몬의 생산이 정점을 찍기 때문에 이 시기의 남녀는 스펙트럼 양쪽 끝부분 100% 지점에 거의 가까워진다고 봐도 됩니다. 그 후 40~50대 이후부터는 점점 성 호르몬의 생산량이 저하됩니다. 성 호르몬의 감소가 탈남성화, 탈여성화를 야기하며 성 스펙트럼상 위치는 점점 중앙 쪽으로 이동합니다.

하지만 성 호르몬의 감소 패턴에는 남녀 사이 커다란 차이가 존재합니다. 남성의 경우는 좀 더 완곡하게 감소하지만 여성의 경우는 폐경과 함께 급격하게 감소합니다. 즉 남성은 나이가 들면서 천천히 스펙트럼 중앙 쪽으로 이동하지만 여성은 더 급격하게 변한다는 뜻입니다.

남녀 간의 차이는 있지만 전반적으로 보면 인간은 모두 사춘기를 거치며 성 스펙트럼의 양 끝으로 이동했다가 나이가 들면서 다시 중앙 쪽으로 되돌아오는 공통된 흐름을 보입니다. 물론 이러한 변화의 시기나 정도는 사람마다 다르며 개인차가 있습니다.

내분비 교란 물질(환경 호르몬)의 무서움

앞서 보았듯이 인간의 일생 동안 성 호르몬의 생산력은 변화하며 그에 따라 남성화, 여성화, 탈남성화, 탈여성화가 일어납니다. 그렇다면 성 호르몬과 비슷한 작용을 할 수 있는 화학 물질이 있다면 이 역시 성 스펙트럼상 위치를 변화시킬 수 있을까요?

20여 년 전에 이와 관련된 물질이 큰 사회적 논란이 되었습니다. 내분비 교란 물질, 즉 환경 호르몬입니다. 당시 이 물질의 위험성은 커다란 사회 문제로까지 대두되었습니다. 예컨대 과학자이자 환경 운동가인 테오 콜본이 오랜 세월 수집한 데이터를 바탕으로 1996년 저술한 《도둑맞은 미래》[6]나 저널리스트 데보라 캐드버리가 오랜 취재와 영국 BBC에서의 방송 제작 당시 수집한 정보를 토대로 1997년에 출판한 《여성화된 자연》[7]에 담긴 내용은 전 세계 사람에게 충격을 선사했습니다.

인류는 매일 수많은 화학 물질, 농약을 비롯한 수많은 약물을 만들어 내고 있습니다. 그중에는 자연계에 대량으로 방출되는 것도 많습니다. 그런 물질들이 지구의 대기나 토양, 수질을 오염시키고 그곳에 서식하는 생물들의 목숨을 위협해 왔다는 사실은 잘 알 것입니다. 일본에서도 고도 경제 성장 시기였던 1950년대부터 1970년대에 걸쳐 수많은 화학 물질이 매서운 기세로 자연계에 방출되었습니다. 4대 공해병이라 일컬어지는 미나마타병, 제2 미나마타병, 욧카이치 천식병, 이타이이타이병은 모두 중금속이나 화학 물질에 의한 환경 오염이 불러들인 비극적인 사고로 기억되고 있습니다. 화학 물질에 의한 자연계 오염은 전 세계 각지에서 일어나고 있습니다.

그러한 문제를 처음으로 지적한 책이 1962년에 발행되었습니다. 바로 미국의 생물학자 레이철 카슨이 쓴 《침묵의 봄》[8]입니다. 카슨은 이 책에서 현대 사회가 만들어 내는 다양한 화학 물질에 의한 환경 파괴, 이것이 생물에게 미치는 영향을 날카롭게 비판했습니다. 1975년 일본에서도 일본의 환경 오염이 심각한 상황이라고 꼬집은 책, 아리요시 사와코의 《복합 오염》[9]이 출판되었습니다. 카슨과 아리요시의 저서는 공해의 원인 물질에 초점을 맞춘 책이었습니다.

앞서 나온 콜본이나 캐드버리가 책을 통해 지적한 것은 공해 원인 물질이 아니라 더 교묘한 방식으로 지구상 생물들의 미래에 어두운 그림자를 드리우는 물질의 존재였습니다. 이 두 권의 책에서는 '내분비 교란 물질'에 의해 생물의 성이 동요되는 모습, 그 결과 다음 세대를 남길 능력이 점점 사라져 가는 생물들의 미래를 묘사하고 있습니다. 이 책에서 언급하는 내분비 교란 물질의 영향을 받은 생물 중에는 물론 인류도 포함되어 있습니다. 저 역시 내분비 교란 물질이 가진 위험성을 처음으로 인지했을 때는 암울한 미래밖에는 상상할 수 없었습니다.

위 두 권의 책에 어떤 내용이 담겨 있는지 아주 간략하게 소개하겠습니다. 인간의 몸을 이루는 세포는 약 200~300종류 정도 되며 한 명의 몸을 구성하는 세포 전체의 개수는 약 37조 개 정도입니다.[10] 성 호르몬 (남성 호르몬과 여성 호르몬)이나 대사를 조절하는 인슐린 같은 호르몬을 생산하는 세포도 그중 하나입니다. 이러한 세포들이 생산한 호르몬은 세포 밖으로 분비되어 혈류를 타고 온몸의 세포로 운반됩니다. 그리고 남성 호르몬과 여성 호르몬이 도달한 세포에서는 남성(수컷), 혹은 여성(암컷)으로서의 특징이 유도됩니다. 우리 몸의 세포에서 생산되고 분비된 호르몬이 다른 세포에 도달하여 그 기능을 조절하는 시스템을 '내분비 조절'이라 부릅니다.

내분비 교란 물질은 말 그대로 호르몬에 의한 내분비 조절을 교란하는 물질입니다. 특히 문제가 되는 것은 성호르몬의 작용을 교란하는 물질입니다. 콜본과 캐드버리는 이러한 문제를 제기하며 전 세계에서 일어나는 기묘한 현상을 조사하고, 그 원인이 특정한 종류의 물질에 집약되어 있다고 비판했습니다.

사실 이런 책이 출판되기 이전에도 유럽 각국 연구자들에 의해 인간 남성의 정자 수가 큰 폭으로 감소하고 있다는 사실, 미국 연구자들에 의해 플로리다의 아포프카 호수에 서식하는 악어의 남성기가 왜소화되어 생식 불능이 되고 있다는, 즉 다음 세대를 남길 능력이 현저히 떨어져 간다는 사실, 미시건 호수에서 양식된 밍크에서 번식 이상이 발생하고 있다는 사례들이 보고되었습니다. 콜본과 캐드버리는 이러한 이상 현상들이 각기 다른 원인으로 일어난 것이 아니며 모두 인공적인 합성 화학 물질, 즉 내분비 교란 물질에서 비롯되었다고 지적했습니다. 그리고 그러한 물질이 다양한 생물 종이 다음 세대를 남기기 어렵게 만들고 있다고 논했습니다.

일본에서도 1990년대 후반에 다마 강의 잉어가 거의 전부 암컷이었다는 조사 결과가 공표되자마자 수많은 보도국이 앞다투어 화제로 올렸습니다. 요약하자면 어떠한 이유로 다마 강의 잉어들이 수컷에서 암컷으로 성 전환을 했다는 내용이었습니다. 사실 어류는 원래부터 쉽게 성 전환을 할 수 있는 특징을 갖고 있습니다. 따라서 설령 다마 강의 잉어가 전부 성 전환을 했다고 해서 다마 강의 물을 마신 너구리마저 성 전환이 될 거라는 의미는 아닙니다. 물론 그렇다 하더라도 다마 강의 잉어가 전부 암컷으로 성 전환했다는 사실은 분명한 이상 현상이었습니다. 수많은 사람이 이 사태에 공포를 느꼈을 정도입니다.

그렇다면 어째서 이러한 내분비 교란 작용이 일어나는 걸까요? 바로 교란을 일으키는 물질이 성 호르몬과 매우 유사한 구조를 갖고 있기 때문입니다. 다시 말해 이런 물질들이 몸속으로 들어오면 원래 우리 몸에서 만드는 성 호르몬이 적은 상황에서도 우리 몸의 세포는 마치 성 호르몬이 많은 상태처럼 반응한다는 말입니다. 이렇게 원래 호르몬에 의한 내분비 조절 작용을 교란한다는 의미에서 내분비 교란 물질이라는 명칭이 붙었습니다.

성 스펙트럼과 관련하여 이 문제를 해석해 봅시다. 내분비 교란 물질은 남성 호르몬 혹은 여성 호르몬과 흡사한 구조를 갖고 있기 때문에 이들과 비슷한 작용을 할 수 있습니다. 때로는 이 호르몬의 작용을 억제하는 교란 물질도 있습니다. 이러한 작용으로 성 스펙트럼상의 위치를 변화시킬 수 있는 것입니다. 즉 남성화(수컷화)나 여성화(암컷화), 탈남성화(탈수컷화)나 탈여성화(탈암컷화)를 일으킬 수 있는 것입니다. 내분비 교란 물질의 작용에 대해서는 후에 다시 한번 다루도록 하겠습니다.

도핑을 하면 어떻게 운동 능력이 오르는 걸까?

성 스펙트럼상 위치를 바꿀 수 있는 물질을 한 가지 더 소개하겠습니다. 스포츠계에서는 운동 선수들이 때때로 검은 유혹을 이기지 못해서 혹은 실수로 금지 약물을 복용하면서 스캔들이 일어납니다. 그중 대표적인 금지 약물이 바로 '아나볼릭 스테로이드'입니다. 이 약물에는 남성 호르몬과 동일한 작용을 하는 물질이 포함되어 있습니다.

평균적으로 여성보다는 남성의 골격근이 더 두껍고 더 강한 힘을 발휘할 수 있습니다. 이 골격근의 성차를 만들어 내는 요인 중 하나가 바로 남성 호르몬입니다. 예를 들어 수컷 쥐에게서 남성 호르몬을 생산하는 정소를 적출하면 골격근이 거의 암컷과 비슷한 정도로 성장하지만 다시 남성 호르몬을 투여하면 평균적인 수컷과 비슷해집니다. 남성 호르몬은 '굵은 골격근'이라는 수컷의 특징을 유도한다는 것을 알 수 있습니다. 마찬가지로 암컷 쥐에게 남성 호르몬을 투여해도 골격근을 비대하게 만들 수 있습니다.

이러한 남성 호르몬의 성질을 이용한 것이 바로 '도핑' 입니다. 지금은 상당히 엄격히 제재되고 있지만 예전에는 제2차 세계 대전 이후 미국과 소련이 첨예하게 대립하고 있던 냉전 시대의 동유럽 국가에서 특히 널리 성행했습니다. 그 결과 동유럽 국가들은 더 강한 근육을 가진 운동 선수를 배출하여 올림픽에서 수많은 메달을 휩쓸었습니다. 하지만 다른 한편으로 남성 호르몬 활성을 가진 근육 증강제는 심각한 부작용을 불러왔습니다. 여자 선수 중에는 목젖이 나오거나, 수염이 자라거나, 목소리가 굵어지거나, 심지어 생리 불순 등 부작용으로 고생한 선수가 많았다고 합니다. 남성 선수도 고환 축소, 정자 감소, 전립선 암 발병과 같은 부작용으로 고통을 받았습니다.

아나볼릭 스테로이드는 합성 남성 호르몬제로 남성 호르몬과 비슷한 구조를 갖고 있습니다. 앞서 설명한 것처럼 남성 호르몬과 동등한 기능을 낼 수 있습니다. 따라서 이 약물을 투여하면 성 스펙트럼상 위치는 남성화 방향으로 이동합니다. 흥미로운 사실은 이 약물이 여성에게서도 남성에게서도 비슷한 효과를 낸다는 점입니다. 그 이유는 다시 추후에 설명하겠습니다.

자유자재로 '성 전환'하는 생물들

내분비 교란 물질을 다룰 때 다마 강의 잉어가 전부 암컷이 되었다는 말을 하면서 생물 중에는 비교적 쉽게 성 전환을 할 수 있는 종이 있다는 사실을 언급했습니다. 성 전환이란 수컷이었던 개체가 암컷으로 전환하거나 반대로 암컷이었던 개체가 수컷으로 전환하는 현상을 의미합니다.

어류에서는 성 전환 사례가 비교적 쉽게 관찰됩니다. 디즈니 영화 〈니모를 찾아서〉의 주인공인 흰동가리 역시 성 전환을 한다는 사실이 잘 알려져 있습니다.[11] 흰동가리는 말미잘에 몸을 숨기면서 여러 개체가 집단을 이루어 생활합니다. 집단 내에서 가장 몸집이 큰 물고기가 암컷이 되며 두 번째로 큰 개체가 수컷이 됩니다. 다른 개체들은 아직 암컷도 수컷도 아닌 상태입니다. 흰동가리 사회는 일부일처제로 가장 큰 암컷과 두 번째로 큰 수컷 둘이서 번식 활동을 이어갑니다.

하지만 어떠한 이유로 암컷이 죽으면 그 집단은 다음 세대를 남길 수 없게 됩니다. 이를 막기 위해서는 다른 집단에서 암컷을 데려올 수 있다면 좋겠지만 다른 모든 집단도 암컷은 한 마리뿐이기 때문에 그렇게 간단히 데려올 수 있는 것이 아닙니다.

여기서 흰동가리는 수컷이 암컷으로 성 전환을 하고, 수컷도 암컷도 아닌 개체 중 가장 큰 개체가 수컷으로 성 전환을 하는 전략을 취합니다. 흰동가리 수컷이 암컷이 되는 상황을 성 스펙트럼상 위치로 표현하면 말그대로 수컷 100%에서 암컷 100% 상태로 극단적인 이동이 이뤄지는 것입니다. 또한 수컷도 암컷도 아닌 개체가 수컷이 되는 경우는 스펙트럼상 중앙에 위치했던 개체가 수컷 100% 상태로 변화하는 것입니다.

흰동가리와는 반대로 청줄청소놀래기나 꽃돔 같은 물고기는 암컷에서 수컷으로의 성 전환이 이뤄집니다. 이처럼 물고기 중에는 성 전환을 하는 종이 상당히 많습니다. 일부다처제로 번식하는 물고기의 수컷은 자신의 세력권 영역을 갖고 있습니다. 이때는 몸집이 큰 수컷이 수많은 암컷을 점유할 수 있습니다. 몸집이 작은 개체는 수컷으로서 번식 기회를 잡기 힘듭니다. 그래서 이들 중 일부는 몸집이 작을 때는 우선 암컷으로 지내다가 몸집이 큰 수컷이 죽는 상황일 때처럼 자신의 몸집이 큰 편이 된다면 수컷으로 성 전환하여 더 효율적으로 번식 기회를 확보하는 전략을 취합니다. 이러한 성 전환을 성 스펙트럼 관점에서 보면 암컷 100%에서 수컷 100%로 극단적으로 이동하는 상황이라 볼 수 있습니다.

여기서 말한 물고기들은 수컷에서 암컷으로 혹은 암컷

에서 수컷으로 단 한 번 성 전환을 하는 물고기였지만 어류 중에는 자유자재로 성 전환을 할 수 있는 물고기들도 존재합니다.

색이나 크기로 암수를 구별할 수 있나요?

지금까지 수컷과 암컷을 스펙트럼상에서 어떻게 파악할 수 있을지 여러 가지 고찰을 했습니다. 그렇다면 수컷과 암컷의 생물학적 정의를 다시 생각해 볼까요? 즉 수컷은 어떠한 생물이며 암컷은 어떠한 생물인지 정의를 내릴 수 있을까요?

사실 암수의 정의는 성 스펙트럼상 위치나 그 변화를 이해하기 위해 필수적인 사항입니다. 이 장에서 모든 생물에게 적용할 수 있는 암수의 생물학적 정의를 해설해 보겠습니다.

지금까지 설명했듯이 암수 사이 형태나 색이 다른 생물은 많습니다. 특히 조류에서는 대체로 깃털과 벼슬의 형태, 색 등이 암컷보다 수컷에서 화려한 경우가 많습니다. 공작을 생각해 봅시다. 크고 화려한 허리 깃을 가진 쪽이 수컷이며 암컷은 더 단출한 깃털 색을 띱니다. 물오리나 꿩 역시 마찬가지로 수컷의 깃털 색이 훨씬 화려하며 암컷은 그보다 단조롭습니다.

그렇다면 수컷은 화려하며 암컷은 단조롭다고 정의를 내리면 될까요? 물론 절대 그렇지 않습니다. 암수의 색이나 형태가 거의 비슷한 생물 종도 많으며 암컷이 훨씬 화려한 생물도 얼마든지 존재합니다. 예를 들어 호사도요라는 새는 암컷이 훨씬 화려하고 다양한 색을 띕니다. 황어라는 물고기 암컷도 번식기가 되면 매우 화려한 색을 띕니다. 따라서 화려한 색이나 형태만으로는 암수를 제대로 정의할 수 없습니다.

그렇다면 몸집 크기는 어떨까요? 산악고릴라나 바다사자 수컷은 암컷보다 훨씬 몸집이 크고 군집을 지배하는 역할을 맡습니다. 이 동물들은 몸집 크기로 암수를 쉽게 구별할 수 있습니다. 이 정도로 현저하지는 않지만 인간도 평균적으로 남성이 여성보다 키가 크고 몸집이 큰 것이 보통입니다.

그렇지만 언제나 수컷이 암컷보다 큰 것은 아닙니다. 암컷의 평균 크기가 훨씬 큰 생물 종도 존재합니다. 예를 들어 사회성 곤충으로 잘 알려진 벌의 사회에는 여왕벌이라는 암컷이 있습니다. 수많은 벌 종류에 따라 각각 조금씩 차이가 있긴 하지만 꿀벌 여왕은 매일 수많은 알을 낳기 위해 거대한 단소가 발달되어 있으며 그 때문에 몸집 역시 상당히 큽니다. 여왕벌 이외의 암컷은 일벌로서 먹이 채집과 육아, 벌집을 짓는 일을 합니다. 번식에는 참여하지 않기 때문에 난소가 미발달 상태로 유지되며 몸집도 여왕벌보다 작습니다. 일벌과 여왕벌도 동일한 암컷임에도 몸집 크기에는 큰 차이가 있습니다. 몸집 크기역시 암수의 정의를 의논하기에 적절한 기준이 될 수 없습니다.

포유류 중에도 벌과 비슷한 사회를 갖는 종이 존재합니다. 벌거숭이두더지쥐는 두더지처럼 땅속에 굴을 파집단 생활을 하는 동물입니다. 여기서도 몸집이 큰 여왕쥐가 한 마리 존재합니다. 벌거숭이두더지쥐 역시 여왕만이 새끼를 낳을 수 있으며 다른 암컷은 여왕쥐가 낳은새끼들을 돌보는 역할을 맡습니다.[12] 역시 여왕쥐의 몸집이 다른 암컷들에 비해 큽니다. 이 경우에도 몸집 크기로암수를 정의하는 것은 적절하지 않습니다.

암컷의 몸에 붙어 결국 소멸하는 초롱아귀 수컷

암컷의 크기가 훨씬 큰 동물의 예를 하나 더 설명하겠습니다. 그림 7에는 심해에 사는 초롱아귀의 모습이 나와있습니다. 초롱아귀는 머리에 있는 돌기로 다른 물고기를 유혹합니다. 멍청한 물고기가 먹이인 줄 알고 가까이

그림 7. 초롱아귀의 암컷과 수컷(수컷이 암컷의 몸에 연결된 개체).

오면 커다란 입으로 한 번에 삼켜 버리는 박력 넘치는 사냥꾼입니다. 사실 이 훌륭한 사냥꾼은 초롱아귀의 암컷입니다.

초롱아귀 중에도 다양한 종류가 있지만 어떤 종의 초롱아귀는 암수 간 몸집 크기의 성차가 상당히 극단적이어서 수컷이 암컷의 10분의 1 정도밖에 되지 않습니다. 이 시점에서 이미 수컷이 불쌍해 보이기도 하지만 몸이 작아서 느껴지는 슬픔은 비교도 할 수 없는 잔혹한 결말이 기다리고 있습니다. 우선 이 꼬맹이 수컷은 암컷에게 달라붙습니다. 여기까지는 그저 평범한 수컷처럼 보이지만 문제는 그다음부터입니다. 암컷에게 달라붙은 수컷은 그 이후 암컷의 몸의 일부분으로 변해 갑니다. 최종적으로는 거의 모든 장기, 기관이 암컷에게 흡수되고 수컷은 결국 소멸합니다. 정소만이 남아 암컷에게 정자를 제공합니다. 암컷은 정자만 얻으면 알을 낳을 수 있으므로 수컷이 정소만 남기고 떠났다고 해도 그다지 문제가 되지 않습니다.

물론 저도 남성이므로 초롱아귀 수컷에게 동정심이 생기긴 합니다. 하지만 이 사례는 결국 수컷의 궁극적인 존재 가치가 정자를 제공하는 데 있다고도 말할 수 있는 극단적이면서 흥미로운 사례이기도 합니다.

아이를 돌보지 않는 할아버지 코끼리

그렇다면 과연 겉모습 이외의 특징으로는 암수를 정확히 정의할 수 있을까요? 예를 들어 무리를 이끄는 대장이 되는 개체는 암수 중 누구인지 하는 기준으로 암수를 판별할 수 있을까요? 앞서 수컷의 몸집이 훨씬 큰 생물의 예로 바다사자를 언급했습니다. 바다사자는 수컷 사이 격렬한 전투 끝에 가장 힘이 센 수컷이 수많은 암컷을 거느리는 '하렘'을 형성합니다. 원숭이도 비슷합니다. 대장 원숭이를 필두로 서열이 정해진 수컷들에 의해 무리가 통솔됩니다. 이러한 동물에서는 가장 센 수컷이 무리를 이끄는 대장이 됩니다.

물론 모든 동물 종에서 수컷이 대장이 되는 것은 아닙니다. 바다에 사는 포유류인 고래나 범고래도 무리를 형성합니다. 특히 범고래는 지능이 매우 높아 역할 분담을 하면서 사냥을 하는 모습도 관찰됩니다. 하지만 범고래 무리를 통솔하는 것은 수컷이 아니라 가장 나이가 많은 암컷입니다.

이 대장 암컷은 이미 폐경이 오고 번식 가능한 연령을 넘었기 때문에 더 이상 새끼를 낳을 수 없습니다. 하지만 오랜 경험을 통해 먹이가 풍부한 해역을 알고 있어 먹이가 줄어드는 시기에는 먹이가 풍부한 해역으로 집단을 이끌면서 집단에 이익을 줍니다. 실제로 할머니 범고래가 있는 집단에서는 손주들이 순조롭게 성장하는 데 반해 할머니 범고래가 죽으면 손주들의 생존률이 저하된다는 결과도 보고된 바 있습니다.[13]

이 같은 '할머니 효과grandmother effect'는 범고래뿐 아니라 나이 든 암컷이 집단을 이끄는 코끼리 무리에서도 관찰됩니다. 할머니 코끼리가 있는 무리에서 자란 손주 코끼리는 할머니가 없는 집단의 어린 코끼리보다 생존율이 무려 8배나 높았다는 관찰 결과도 보고되었습니다.[14] 할머니 범고래와 할머니 코끼리는 그들의 딸이 각각 엄마 범고래, 엄마 코끼리가 되었을 때 딸을 도와 손주를 돌보면서 어린 개체들의 생존율을 높이는 것입니다.

하지만 할아버지 범고래, 할아버지 코끼리는 다릅니다. 이들은 어린 새끼를 전혀 돌보지 않습니다. 지난 날을 되돌아보면 "아빠는 왜 가정을 돌보지 않아?"라는 가족의 비난을 들으면서 저녁을 먹고 다시 연구실로 돌아가 밤 늦게까지 연구를 하던 저로서는 참 마음 아픈 이야기이긴 합니다. 쓸데없는 이야기를 했지만 결론적으로 범고래나 코끼리 무리에서는 수컷이 아니라 암컷이 리더십을 발휘하며 이들의 존재가 무리의 번영을 이끕니다. 이렇듯 무리를 이끄는 대장이 누가 될지 역시 생물 종에 따라 다양합니다. '리더십' 역시 암수를 구별하는 좋은 기준이 될 수 없습니다.

수컷과 암컷의 정의

겉모습, 몸집 크기, 행동에 이르기까지 암수 사이에는 실로 다양한 차이가 존재합니다. 하지만 그러한 성차는 생물 종에 따라서도 다양합니다. 어떤 생물 종에서는 수컷이 이렇고 암컷이 저랬지만, 다른 생물 종에서는 정반대의 특징이 나타나기도 합니다. 이러한 특징으로는 암수를 정확히 정의할 수 없습니다.

하지만 단 한 가지, 모든 동물들이 공통적으로 갖는 성차가 있습니다. 바로 "수컷은 정자를 만들고, 암컷은 난자를 만든다"라는 사실입니다. 결국 '수컷은 정자를 만드는 개체, 암컷은 난자를 만드는 개체'로 정의할 수 있습니다. 또한 정자는 정소에서 만들어지고 난자는 난소에서 만들어지므로 '수컷은 정소를, 암컷은 난소를 갖는 개체'로 표현할 수도 있습니다.

암수의 정의를 이렇게 내릴 수 있다면 결국 성 스펙트럼상 위치는 '정소를 갖느냐 난소를 갖느냐'로 결정되는 걸까요? 즉 정소를 갖고 있으면 스펙트럼상 수컷 쪽에 가깝게 위치하며 난소를 갖고 있으면 암컷 쪽에 가깝게 위치하는 걸까요? 또한 성 스펙트럼상 위치는 정소의 기능 변화 혹은 난소의 기능 변화에 의해 변하게 되는 걸까요? 즉 정소의 기능이 활발하면 수컷 100% 쪽에 가깝고 난소의 기능이 활발하면 암컷 100% 쪽에 가깝다고 이해하면 될까요?

물론 이러한 생각이 틀린 것은 아닙니다. 하지만 그것만으로는 성 스펙트럼의 모든 것을 설명하기 부족합니다. 절반만 정답이라고 말하겠습니다. 정소/난소의 유무만을 암수의 정의로 한다면 폐경 후 여성은 난자를 만들지 못하므로 여성이 아닌 것이냐, 질병 때문에 정소나 난소를 적출한 사람은 남성/여성이 아니게 되는 것이냐는 지적이 있을 수 있습니다. 다시 설명하겠지만 물론 정소의 적출은 탈남성화(탈수컷화), 폐경과 난소의 적출은 탈여성화(탈암컷화)를 유도하긴 합니다. 하지만 정소와 난소만이 성 스펙트럼상 위치를 결정짓는 요소인 건 아니라는 말입니다. 그렇기에 절반 정도만 정답이라 하는 게 맞는 것 같습니다.

우선은 정소 혹은 난소의 기능에 의해 생물의 성은 스펙트럼상 적절한 위치를 갖는다는 점을 이해하면 됩니다. 여기서 중요한 것은 정소와 난소에서 성 호르몬이 활발히 만들어질 때는 남성화(수컷화), 여성화(암컷화)를 유도하는 힘이 강하며 이와 반대로 성 호르몬 생산이 저하되면 탈남성화(탈수컷화), 탈여성화(탈암컷화)가 이뤄진다는 점입니다. 이렇듯 정소와 난소를 기점으로 하는 네 가지 힘의 원리에 의해 암수의 신체의 형태, 골격근의 크기, 깃털의 형태나 색 등에서 성차가 유도되는 것입니다.

여기까지 이해가 되었으면 다음 장에서는 성 호르몬을 생산하는 생식샘(정소와 난소)이 어떻게 만들어지는지, 이를 통해 어떻게 암수가 결정되는지를 설명하겠습니다.

3장
수컷과 암컷은 어떻게 결정되는가?
—'성 결정 유전자'의 역할

조금 어려운 얘기로 들어가기 전에

지금부터는 조금 복잡한 이야기를 하겠습니다. 난해한 부분은 심혈을 기울여 설명했지만 실은 그 외에도 염려되는 부분이 있습니다. 연구자가 자신만만하게 자신의 전문 분야 이야기를 꺼내기 시작하면 대개 결과가 좋지 않다는, 지금까지 몇 번이고 겪어 본 실패 때문입니다.

어쨌든 재미있다고 생각하며 연구해 온 내용이기 때문에 분명히 다른 사람도 흥미롭게 여길 것이라 착각하여 그야말로 사소한 점 하나하나까지 열변을 토하게 되는 거죠. 하지만 그렇게 자신만만하게 이야기 할 때는 대개 이해받지 못합니다. 요컨대 분위기만 무겁게 만들 뿐입니다.

애로 사항은 이뿐만이 아닙니다. 분위기가 무거워지면 보통 침울한 기분이 들지만 그런 세세한 것은 신경 쓰지 않는 강철 같은 마음을 가진 연구자가 많이 있습니다. 더 대단한 건 분위기가 가라앉은 것조차 눈치채지 못 하는 사람도 있다는 것입니다. 이런 연구자는 대중이 같은 연구자나 대학생인 경우에도 "내 설명을 이해하지 못 하는 건 당신들의 공부 부족 때문이므로 좀 더 공부해서 다시 오세요" 하는 식으로, 자신의 설명력이 부족한 건 제쳐두고 사람들이 이해하지 못하는 이유를 당당하게 청중 탓으로 돌려 버립니다.

물론 진지하게 학술 활동에 전념하고 있는 장년의 연구자들은 (대개 그런 분들은 존경받고 있기 때문에) 그러한 다소 오만한 태도를 보여도 허용이 되겠지만 그렇지 않은 사람이 이런 태도를 보이면 안타까운 결말로 이어지기도 합니다. 충분히 주의해야 합니다. 물론 연구자나 대학생은 공부 부족이라는 말을 들으면 어느 정도 찔리는 구석이 있으리라 생각합니다. 다만 이 책은 연구자가 아닌 일반 독자를 위한 책이므로 충분히 이해하기 쉽게 세심히 주의를 기울이면서, 너무 자신감을 보이지 않는 서술 방식으로 썼다고 생각합니다. 그러므로 부디 끝까지 읽어 주시기 바랍니다.

생애에 걸친 성 변동의 네 가지 과정

이번 장에서는 수컷화, 암컷화, 탈수컷화, 탈암컷화를 일으키는 원천이 되는 두 가지 인자 중 하나에 대해 먼저 설명하고자 합니다. 그 두 가지 인자란 바로 '유전자'와 '성 호르몬'입니다. 이번 장에서는 유전자, 그중에서도 생물의 성을 결정하는 성 염색체의 '성 결정 유전자'에 대해 살펴보겠습니다.

지난 장의 복습을 할 겸 동물의 성이 평생 동안 어떻게 변화하는지 개관해 보겠습니다. 생물의 일생은 수정란에서 시작하여 출생 후 성숙을 거쳐 노화하는 과정을 따릅니다. 이 과정에서 우리의 성은 태아기 때 결정됩니다. 이후 사춘기에 접어들면 성 스펙트럼상에서의 위치는 양극단을 향해 이동하고 성 성숙을 거친 뒤 노화와 함께 다시 스펙트럼 중앙 쪽으로 이동합니다.

이러한 평생에 걸쳐 이루어지는 성 스펙트럼상 위치의 변화를 네 가지 과정으로 나눌 수 있었습니다. 순서대로 다시 설명해 보겠습니다. 첫 번째 과정은 '수정에 의한 성 염색체 쌍의 결정'입니다. 우리는 성 염색체를 갖고 있으며 그 조합에 의해 성별이 결정됩니다. 수정란 단계에서는 아직 정소도 난소도 만들어지지 않았지만 수정란이 가진 성 염색체 조합이 미래의 성별을 정합니다.

이어서 두 번째 과정은 '유전자에 의한 성 결정'입니다. 뒤에서 다시 자세하게 설명하겠지만 Y 염색체에 있는 유전자가 정소를 만드는 그 시작 단계를 기동하는 것으로 정소의 형성이 진행됩니다. 이 유전자를 '성 결정 유전자' 혹은 '남성 결정 유전자'라고 부릅니다. 또한 이러한 유전자의 작용에 의해 정소가 형성되기 때문에 '정소 결정 유전자'라고도 부릅니다.

사춘기에 접어들면 정소와 난소에서 활발하게 남성 호르몬 혹은 여성 호르몬이 생산되어 이러한 성 호르몬의 영향으로 어류부터 포유류에 이르기까지 대부분의 동물 신체에서 성차가 유도됩니다. 성숙한 동물에서 현저한 성차가 나타나는 현상은 이미 앞에서 다양한 예시를 들어 설명했습니다. 물론 우리 몸에서도 이러한 변화가 이루어집니다. 이러한 '성 호르몬에 의한 성차 구축'이 바로 세 번째 과정입니다.

마지막 네 번째 과정은 나이가 들면서 정소와 난소 기능이 저하되어 체내 성 호르몬 양이 감소함에 따라 나타나는 '노화에 의한 탈수컷화와 탈암컷화'입니다. 이처럼 우리는 위의 네 가지 프로세스를 겪으면서 성별이 결정되고, 성숙하며, 점차 감퇴하게 됩니다.

성 염색체란 대체 무엇일까?

이 네 가지 과정 중 첫 번째로 등장한 '염색체'나 '성 염색체'가 과연 무엇인지, 성 염색체와 성이 어떻게 관련되어 있는지 여러분은 알고 있는지요? 이 기회에 염색체, 그리고 성 염색체가 무엇인지를 먼저 설명하겠습니다. 이미 잘 알고 있다면 바로 다음 설명으로 넘어가도 좋습니다.

염색체란 세포핵 속에 든 실 모양의 구조물입니다. 인간의 세포는 1번 염색체나 2번 염색체처럼 번호가 붙은 염색체와 알파벳으로 표기되는 X 염색체와 Y 염색체가 있습니다. 이 X와 Y 염색체를 바로 '성 염색체'라고 부릅니다. 남성은 X 염색체와 Y 염색체를 하나씩, 여성은 X 염색체를 두 개 갖습니다.

핵 속에 있는 작은 구조물인 염색체가 발견된 것은 아주 오래전 일입니다. 16세기 말, 저 멀리 네덜란드에서 처음으로 현미경이 만들어졌습니다. 당시 현미경은 아직 확대 배율이 낮고 시야도 어두웠지만 현미경을 이용한 관찰이 활발히 이루어졌습니다. 현미경을 통해 펼쳐지는 생물의 구조는 아름다웠습니다. 그전까지 아무도 볼 수 없었던 그 광경을 흥분하면서 관찰했을 당시 연구자들의 모습이 눈앞에 그려지네요.

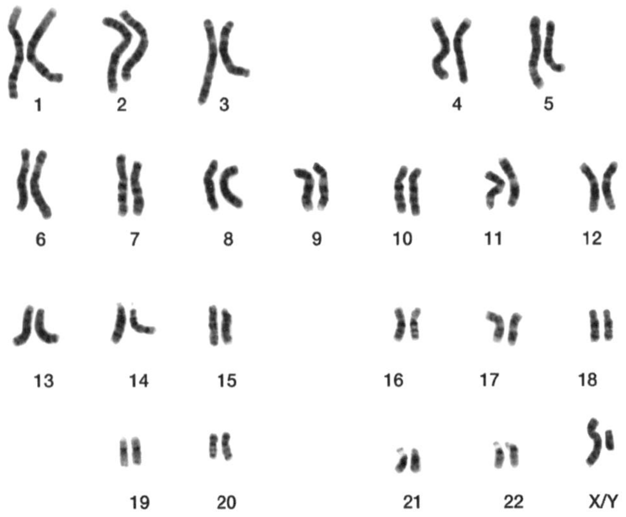

그림 8. 인간의 22쌍의 상 염색체와 두 종류의 성 염색체.

　현미경에서 세포를 관찰할 때에는 다양한 색소를 이용하여 세포 속 구조물에 색을 입힙니다. 색소 없이 관찰하면 현미경 속 세계는 단조로운 회색 풍경으로만 보이기 때문에 색을 입혀 구조를 관찰하기 쉽게 만들기 위해서입니다. 1888년에 독일의 빌헬름 폰 발데이어-하르츠는 특정 색소에 잘 염색되는 실 모양의 구조물을 발견하여 이 구조물을 크로모조멘chromosomen이라고 명명했습니다. 이 단어를 영어로는 크로모솜chromosome이라고 씁니다. 'chromo'는 '염색된', 'some'은 '물체'라는 뜻입니다. 이를 '염색체'라고 번역한 것은 진화론을 일본에 소개한

70

것으로 유명한 생물학자 이시카와 치요마츠입니다. 1894
년 발표된 그의 논문에 처음으로 등장한 단어입니다.[15]

염색체를 자세히 연구하면서 하나의 세포 속에 다양한
길이의 염색체가 존재하며 길이가 같은 염색체가 두 개
씩 쌍을 이뤄 존재한다는 것을 알게 되었습니다. 연구자
들은 이 염색체 쌍을 긴 순서대로 1번 염색체, 2번 염색
체, 3번 염색체……와 같이 번호를 붙여 구별했습니다.
이러한 염색체들을 '상 염색체'라 부릅니다. 인간에게는
1번부터 22번까지 총 22개의 상 염색체 쌍이 존재합니다.

성 염색체는 이렇게 발견되었다

또 하나의 염색체 종류인 성 염색체는 1890년 독일에
서 처음 발견되었습니다. 생물학자 헤르만 헨킹이 노린
재의 정소 세포를 관찰하다가 기묘한 염색체의 존재를
알아챈 것입니다.[16] 이 염색체는 상 염색체처럼 쌍을 이
루지 않았습니다. 헨킹은 쌍을 이루지 않는 이 염색체에
게 번호를 붙이지 못하고 정체를 알 수 없는 염색체라는
의미로 'X 염색체'라고 명명했습니다. 하지만 안타깝게
도 그는 이 X 염색체가 성별과 관련되어 있다는 사실까
지는 알아내지 못했습니다.

생물의 성과 성 염색체의 관계는 20세기에 들어서야 밝혀졌습니다. 미국의 유전학자 네티 스티븐스가 갈색거저리딱정벌레의 정소 형성을 연구하던 중 Y 염색체를 발견했습니다. 그녀는 이 염색체가 수컷에게만 존재한다는 사실을 깨달았습니다.[17] 당시에는 수컷과 암컷이 유전적으로 결정되는지 아니면 환경에 의해 결정되는지에 대한 활발한 논의가 이뤄지고 있었는데 스티븐스의 발견은 유전자에 의해 성이 결정된다는 주장을 더 강력히 지지했습니다.

이후 인간을 포함한 다양한 생물에서 성 염색체와 성별 사이의 관계가 밝혀지면서 스티븐스의 주장대로 두 개의 X 염색체를 가진 개체 (XX 개체)는 암컷이 되고 X 염색체와 Y 염색체를 하나씩 갖는 개체 (XY 개체)는 수컷이 된다는, 즉 염색체 조합에 따라 성별이 결정된다는 사실이 명확해졌습니다. 그리하여 이 염색체들을 성 염색체라고 부르게 되었습니다.

조류나 뱀이 갖는 Z 염색체, W 염색체

성 염색체와 성별 사이에는 더 흥미로운 사실도 있습니다. 앞서 말씀드린 내용을 반복하는 셈이지만 포유류에서는 같은 성 염색체를 두 개 갖는 개체, 즉 XX 개체가 암컷이 됩니다. 반대로 서로 다른 성 염색체(긴 X 염색체와 짧은 Y 염색체)를 하나씩 갖는 개체, 즉 XY 개체가 수컷이 됩니다. 이런 성 결정 시스템을 갖는 모든 생물체의 성 염색체는 각각 X 염색체, Y 염색체라 부릅니다.

하지만 포유류와는 정반대로 같은 성 염색체를 두 개 가진 개체가 수컷, 서로 다른 성 염색체를 하나씩 갖는 개체가 암컷이 되는 생물도 있습니다. 이러한 생물의 성 염색체는 Z 염색체와 W 염색체라 부릅니다. 조류나 뱀이 바로 이러한 사례로 Z 염색체를 두 개 가진 개체가 수컷이 되며 Z 염색체와 W 염색체를 하나씩 가진 개체가 암컷이 됩니다.

이러한 성 염색체 조합에 의한 성별 결정 방식은 연구자들에게 매우 중요한 단서를 알려 주었습니다. XX가 암컷, XY가 수컷이라면 암컷과 수컷 모두가 갖는 X 염색체가 아니라 수컷만 갖는 Y 염색체에 수컷을 만드는 유전자가 있지 않을까, 마찬가지로 ZZ가 수컷, ZW가 암컷이라면 W 염색체에 암컷을 만드는 유전자가 있을 것이라는 추론이 가능합니다. 이후 실제로 그러한 유전자가 존재한다는 것이 확인되었으며 이를 '성 결정 유전자'라고 부르게 되었습니다. 성 결정 유전자에 대해서는 뒤에서 자세히 설명하겠습니다.

수정은 성을 결정하는 첫 번째 과정

성 염색체의 조합은 수정이 이루어지는 순간 결정됩니다. 잘 알다시피 수정이 되려면 정자와 난자가 필요합니다. 그런데 생물은 정자와 난자를 만드는 과정에서 원래 가지고 있던 염색체 수를 절반으로 줄입니다. 일반적인 세포 분열(체세포 분열)의 경우 먼저 염색체 수가 두 배로 복제된 뒤 세포가 분열합니다. 두 배가 된 염색체는 세포 분열 과정에서 각각의 딸세포로 절반씩 나뉘어 들어가기 때문에 새로 만들어진 세포는 원래 세포와 같은 수의 염색체를 갖게 됩니다.

하지만 정자와 난자를 만드는 세포 분열, 즉 생식세포 분열은 이와는 다른 방식으로 이루어집니다. 이때도 먼저 염색체 수가 복제되어 두 배가 된 후 한 차례 세포 분열이 이뤄집니다. 이렇게 염색체 수가 원래 세포와 같아진 상태에서 염색체 복제 없이 한 번 더 분열이 일어납니다. 이 과정을 거쳐 만들어진 정자와 난자는 일반 세포의 절반에 해당하는 염색체 수만을 갖게 됩니다. 예를 들어 인간의 정자와 난자는 44개의 상 염색체 중 22개만을 물려받습니다. 물론 성 염색체도 하나씩 물려받습니다. 암컷의 세포는 X 염색체만 두 개 갖고 있기 때문에 난자는 모두 한 개의 X 염색체를 물려받습니다. 하지만 수컷은 X 염색체와 Y 염색체를 각각 하나씩 갖고 있으므로 X를 갖는 정자와 Y를 갖는 정자, 두 종류의 정자가 만들어집니다. 이러한 분열 결과 22개의 상 염색체와 한 개의 성 염색체, 합계 23개의 염색체를 갖는 정자와 난자가 만들어집니다.

이렇게 만들어진 정자와 난자가 만나 수정이 되면 절반의 염색체를 가진 두 세포가 합쳐지면서 다시 원래의 염색체 수를 갖는 세포가 만들어집니다. 성 염색체도 다시 두 개가 됩니다. X를 갖는 난자와 Y를 갖는 정자가 수정이 되면 XY 염색체 조합을 갖는 수정란이, X를 갖는 난자와 X를 갖는 정자가 수정되면 XX 염색체 조합을 가진 수정란이 만들어집니다. XY 수정란에서는 수컷이, XX 수정란에서는 암컷이 만들어지므로 수정은 성별을 결정하는 첫 번째 과정이라 할 수 있겠습니다.

정소를 만드는 세포, 난소를 만드는 세포

하지만 수정 직후의 XY 수정란과 XX 수정란은 겉보기에는 아무런 차이가 없습니다. 그렇다면 생물의 성을 결정짓는 정소와 난소는 언제, 어떻게 형성되는 걸까요? 포유류의 경우를 예로 들어 설명하겠습니다.

인간 성인의 신체는 약 37조 개의 세포로 이루어져 있다고 추정됩니다. 다시 말해 하나의 수정란이 수많은 분열을 거듭하면서 피부, 골격근, 신경, 간, 이자 등 우리 몸을 구성하는 다양한 장기나 기관을 만들어 간다는 뜻입니다.

또한 이러한 장기나 기관을 만들기 위해서는 약 200~300가지 서로 다른 종류의 세포가 필요합니다. 단 하나의 수정란에서 37조 개의 세포로 수를 늘리면서 동시에 200~300종류의 세포 유형으로 나뉘어 개체를 형성해 가는 이 일련의 과정을 '발생'이라 부릅니다. 그리고 이 발생 과정에서, 가령 세포 A가 간세포가 바뀌어 가는 과정을 "세포 A가 간세포로 분화한다"라고 표현합니다.

우리의 신체는 이렇게 만들어집니다. 그렇다면 과연 성별은 언제, 어디서, 어떻게 결정되는 걸까요? 다시 말해 정소와 난소는 언제, 어디서, 어떻게 분화하기 시작하는 걸까요? 정소로 분화할지, 난소로 분화할지는 개체의 성을 결정짓는 데 매우 중요한 과정입니다. 따라서 이 부분은 조금 자세히 설명하겠습니다.

우선 그림 9를 봅시다. 쥐의 태아 그림입니다. 쥐는 수정이 이루어지고 20일 후 탄생하는데 여기 그려진 태아는 수정 후 약 11~12일 정도 지난 상태입니다. 인간으로 비유하면 임신 6~7주 정도에 해당합니다. 참고로 인간

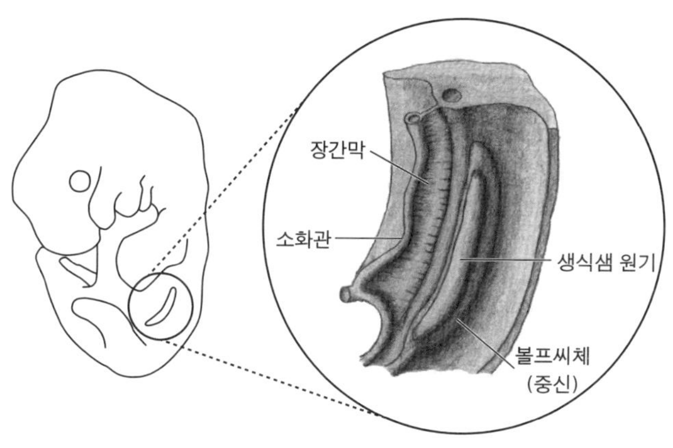

그림 9. 임신 11~12일된 쥐 태아(인간의 경우 6~7주 정도에 해당)와 그 시기의 생식샘 원기.

의 임신 기간은 38~40주 정도입니다. 이 시기의 쥐 태아는 몸속에서 심장, 간, 폐 등 장기가 겨우 형성된 상태입니다. 그림 9에는 이 시기 쥐 태아의 복강, 즉 뱃속 공간의 등 쪽 부위를 스케치한 그림이 함께 실려 있습니다. 이 시점에서는 소화관이 아직 하나의 긴 관으로만 존재하며 위나 소장, 대장 같은 구조로 구별되어 있지 않습니다. 이 관은 '장간막'이라는 막을 통해 등 쪽에 붙어 있습니다. 장간막 양쪽에는 수세미처럼 생긴 구조가 두 겹으로 포개져 있으며 이 구조들이 등 쪽 벽에서 밀려 올라오듯 나와 있습니다. 이 두 겹의 수세미 구조 중 밑에 깔려 있는 것이 바로 '볼프씨체', 한자로는 '중신中腎'이라 부르는 구조체입니다. 그리고 그 위로 겹쳐 있는 수세미 모양 구조가 장차 생식샘이 되는 세포의 집단, 즉 '생식샘 원기'입니다.

'원기原基'라는 이름의 세포 집단은 심장, 간, 폐 등 다른 장기나 기관의 분화 과정에서도 나타납니다. 즉 심장 원기, 간 원기, 폐 원기로부터 각각의 장기가 형성됩니다. 당연하지만 각 원기는 서로 다르며 심장 원기에서 폐가 분화하는 일은 없고 간 원기에서 심장이 분화하는 일도 없습니다. 하지만 정소와 난소는 생식샘 원기라 부르는 하나의 원기에서 분화합니다.

정소로도 난소로도 분화될 수 있는 능력

생식샘 원기가 분화를 시작하는 초기에는 그것이 정소가 될지 난소가 될지 겉모습만으로는 구별할 수 없습니다. 하지만 불과 며칠이 지나면 그 차이가 분명해지기 시작합니다. 그리고 아직 성을 갖지 않은 생식샘 원기를 정소로 분화시키는 스위치가 바로 Y 염색체에 존재하는 성 결정 유전자입니다.

사실 생식샘 원기는 성 염색체의 조합이 XX인지 XY인지에 따라 정소와 난소 어느 쪽으로든 분화할 수 있는 흥미로운 능력을 지니고 있습니다. 예를 들어 이 시기의 XY 개체의 생식샘 원기는 일반적으로 정소로 분화하지만 사실 난소로 분화할 능력도 갖추고 있어 예기치 못한 문제가 생길 경우 정소가 아닌 난소로 분화할 수도 있습니다.

XX 개체의 생식샘 원기도 마찬가지로 원래는 난소로 분화하지만 정소로 분화할 수 있는 능력도 갖추고 있어 실제로 정소로 분화하는 경우도 있습니다. 이처럼 분화 전 단계의 생식샘 원기는 정소와 난소 양쪽으로 갈 수 있는 가능성을 열어 두고 있으며 이는 인간에게만 국한된 현상이 아닙니다. 실제로 이 능력은 포유류보다 계통학적으로 오래된 생물, 예를 들어 어류 등에서 더 강하게 유지되고 있습니다.

실제로 포유류의 정소와 난소도 어류처럼 어느 정도 성 전환 가능성을 유지하고 있다는 사실을 시사하는 실험 결과들이 발표된 바 있습니다. 특정 유전자를 파괴하면 이미 만들어진 정소에 난소와 유사한 구조가 만들어지거나[18] 반대로 어떤 유전자를 파괴하면 난소에 정소와 비슷한 구조가 만들어질 수 있다는 것입니다.[19]

어류에서는 정자를 만들던 정소가 난소로 성 전환하면 난자를 만들기 시작하지만 쥐의 경우에는 그렇게까지 완전한 성 전환이 일어나진 않습니다. 그러나 정소와 난소

가 서로 전환할 수 있는 능력을 일정 수준 유지하고 있다
는 점은 동물 전체에 공통된 생물학적 특징일지도 모릅
니다. 조금 놀라울지도 모르지만 이것이 바로 정소와 난
소의 실체입니다.

유전자와 DNA

지금까지 생식샘 원기에서 정소나 난소로 분화되는 과
정을 설명드렸습니다. 그렇다면 그 과정에서 Y 염색체에
있는 성 결정 유전자는 과연 어떠한 기능을 발휘해서 성
별을 결정하게 되는 걸까요?

그전에 잠시 유전자와 DNA에 대해 설명하겠습니다.
성 이야기를 하다 갑자기 옆길로 새는 느낌이 들 수도 있
겠지만 유전자의 기능을 이해하기 위해 꼭 필요한 설명
이니 부디 따라와 주기를 바랍니다.

최근에는 일상에서도 DNA라는 단어를 빈번하게 들을
수 있기에 DNA에 대해 잘 알고 있는 사람이 많으리라
생각합니다. 예를 들어 형사 드라마를 보면 범행 현장에
남겨진 물건을 통해 과학 수사 연구소에서 DNA 감정을
하여 범인을 특정하는 장면이 등장합니다. 일상 대화에
서도 DNA라는 단어가 등장합니다. "최근 젊은 사원들은

우리 회사의 DNA를 받아들이지 못 한다”라는 식의 사장님의 한탄처럼 말이죠. 물론 회사는 생명체가 아니므로 DNA가 있을 리 없습니다. 다만 이 비유에는 오랜 시간 쌓아 온 회사의 사업 노하우나 사풍을 마치 유전 정보처럼 계승하고 싶다는 사장님의 마음이 담겨 있습니다. 그 나름대로 적절한 비유라고 할 수 있겠습니다.

DNA라는 단어는 우리 사회 전반에 깊숙하게 스며들어 있습니다. DNA의 구조나 DNA가 갖고 있는 유전 정보에 대해서도 여러 매체에서 소개되고 있으며 여기서 그 설명은 생략하겠지만 ‘DNA는 유전자의 본체이며 유전 정보를 담당하는 물질’이라는 점을 우선 이해하기를 바랍니다.

앞서 말했듯 염색체는 실처럼 생긴 구조물입니다. 그림 10을 봅시다. 염색체는 DNA와 ‘히스톤’이라 하는 단백질로 이루어져 있습니다. 8개의 히스톤 단백질이 모여 원통형 복합체를 만들고 이 복합체를 가늘고 긴 DNA 가닥이 감싸 안정된 구조를 이룹니다. 인간의 세포 하나에 들어 있는 46개의 염색체를 구성하는 DNA의 총 길이는 무려 2m나 됩니다. 염색체의 길이는 전부 동일하지 않기 때문에 DNA의 길이도 염색체마다 다 다르지만 길이가 모두 동일하다고 가정하면 동그란 세포핵 속에는 평균적으로 약 4.3cm의 DNA가 46개나 욱여넣어져 있는 것입

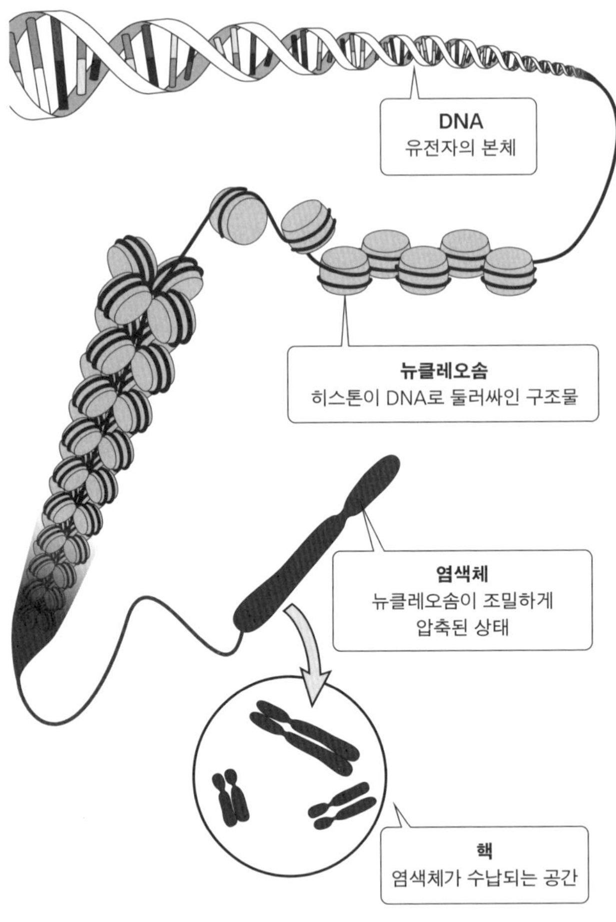

그림 10. DNA, 뉴클레오솜, 염색체의 구조.

니다.

세포핵의 크기는 세포의 종류에 따라 조금씩 다르지만, 대체로 지름 약 3~10μm(마이크로미터) 정도 크기입니다. 10μm는 0.01mm에 해당하므로, 핵의 지름은 일반 자의 가장 작은 눈금의 1/100 정도밖에 되지 않는 셈입니다. 이렇게 작은 구체 속에 길이 4.3cm 정도 되는 얇은 실가닥이 46개나 들어 있는 것입니다. 물론 그대로 넣는다면 실끼리 서로 엉키고 꼬이면서 DNA는 정상적인 기능을 발휘하지 못할 것입니다. 그래서 원통형 히스톤 복합체에 DNA를 규칙적으로 감아 놓습니다. 이렇게 히스톤 복합체를 중심으로 DNA가 감겨 만들어지는 구조체를 '뉴클레오솜'이라 부릅니다. 뉴클레오솜은 또다시 규칙적으로 접히고 압축되어 기다란 DNA를 조밀하게 수납할 수 있도록 합니다. 매우 조잡한 설명이지만 이것이 바로 염색체입니다. 그리고 총 길이 2m에 이르는 DNA에는 약 2만 5000개나 되는 유전자 정보가 담겨 있습니다.

성 결정 유전자는 어떻게 규명되었는가

다시 성 결정 이야기로 돌아오겠습니다. 지금까지 수정이 이루어지는 순간 성 염색체 조합이 결정되고 그 조합에 의해 XY 개체는 정소를, XX 개체는 난소를 만든다는 사실을 설명했습니다. 성별과 성 염색체 조합 사이의 관계를 통해, Y 염색체에는 정소의 분화를 결정하는 유전자가 담겨 있을 것이라는 추론이 가능해졌습니다. 실제로 수많은 연구자는 그 유전자의 존재를 입증하고 찾아내기 위해 치열한 경쟁을 펼쳤습니다. 그리고 마침내 성 결정 유전자가 발견된 것은 1990년의 일이었습니다.

'인간 유전체 프로젝트(휴먼 게놈 프로젝트)'를 통해 인간의 수많은 유전자 염기서열이 밝혀진 것은 2003년의 일입니다. 공개된 염기서열에는 아직 부정확한 부분도 포함되어 있었으나 그 이후 많은 수정과 보완이 이루어지면서 현재는 거의 모든 유전자 서열을 정확히 파악할 수 있게 되었습니다. 하지만 성 결정 유전자가 발견되던 당시에는 Y 염색체는 물론이고 각 염색체에 어떤 유전자가 얼마나 존재하는지와 같은, DNA에 쓰여 있는 정보는 아직 거의 해독되지 않은 상태였습니다. 19세기 말에 염색체를 발견했음에도 성 결정 유전자를 발견하기까지 오랜 시간이 필요했던 것도 바로 이 때문이었습니다.

'성 분화 질환'이라 하는 병이 존재합니다. 이 질환은 '성 염색체의 성'과 '신체의 성' 사이에 괴리가 나타나는 증상을 보입니다. 예를 들어 X 염색체를 두 개 갖고 있음에도 난소가 아니라 정소와 유사한 생식샘이 발달하는 증상을 보이거나 반대로 XY 염색체를 하나씩 갖고 있음에도 난소처럼 생긴 생식샘이 발달하는 증상을 보이는 환자들이 있습니다. 이러한 증상이 바로 성 분화 질환에 포함됩니다.

성 결정 유전자의 발견은 이러한 성 분화 질환 환자의 Y 염색체와 일반 남성의 Y 염색체를 비교하는, 매우 착실하면서도 시간이 오래 걸리는 연구 방식을 통해 이루어졌습니다. 그 결과 많은 성 분화 질환 환자의 Y 염색체에 공통적으로 결실된 영역이 존재한다는 사실이 밝혀졌습니다. 이 결실된 영역에 유전자가 있다면 그 유전자가 바로 성을 결정하는 유전자일 가능성이 컸고 그로 인해 성 결정 유전자의 발견에 대한 기대가 단번에 높아졌습니다. 그리고 마침내 1990년에 영국의 로빈 러벨-배지 및 피터 굿펠로 연구팀이 이 영역에 존재하는 유전자를 발견했습니다.[20,21]

이듬해인 1991년 피터 쿠프먼 연구팀이 이 유전자가 바로 성 결정 유전자임을 결정적으로 입증하는 연구 결과를 발표했습니다. 쿠프먼 연구팀은 쥐의 XX 수정란에 이 유전자를 주입했습니다. 그 결과 원래대로라면 난소를 분화해야 할 XX 개체에서 정소가 분화했습니다.[22] 매우 충격적인 결과임이 분명했습니다. 정소를 갖게 된 암컷 쥐의 사진이 해당 논문이 게재된 학술지의 표지를 장식할 정도였습니다. 이 유전자는 'Y 염색체의 성 결정 영역Sex-determining Region on the Y Chromosome', 줄여서 'SRY 유전자'라 명명되었습니다. 해석하자면 Y 염색체상의 성을 결정하는 영역(유전자)이라는 의미입니다.

Y 염색체의 발견 이후 이 염색체상에 수컷을 결정하는 유전자가 존재할 것이라는 추측은 오랫동안 이루어져 왔으나 그 실체는 불분명했습니다. *SRY* 유전자 발견에 이르기까지의 일련의 연구는 성(특히 남성/수컷)을 결정하는 유전자가 실재한다는 것을 처음으로 증명하면서 성 연구에 큰 족적을 남겼으며, 그와 동시에 그 이후 후속 연구에도 큰 영향을 끼쳤습니다.

다양한 성 결정 유전자

이 책에서는 모든 생물의 성 결정 유전자를 전부 자세하게 다루지는 않겠습니다. 다만 인간 외의 생물의 성 결정 유전자에 대해서도 조금 설명하고 넘어가겠습니다.

인간과 쥐에서는 *SRY* 유전자가 바로 성 결정 유전자라는 사실이 밝혀진 후 다른 동물의 성 결정 유전자를 동정하기 위한 다양한 연구가 이어졌습니다. 그 결과 *SRY* 유전자는 인간과 쥐뿐만 아니라 거의 모든 포유동물에서도 성을 결정한다는 사실이 밝혀졌습니다. 물론 생물이 진화함에 따라 *SRY* 유전자의 염기 서열에도 변화가 생기기 때문에 인간과 쥐의 *SRY* 유전자는 서로 서열이 비슷하긴 해도 정확히 일치하지는 않습니다. 물론 다른 포유류도 마찬가지입니다. 따라서 완전히 동일한 *SRY* 유전자를 가지지는 않지만 포유류의 공통 조상이 갖고 있던 조상형 *SRY* 유전자가 포유류의 진화와 함께 조금씩 변화하면서 포유동물 전반에 걸쳐 유지되어 왔다는 점을 알 수 있습니다.

일반적으로 그 유전자가 생물에게 중요할수록 보존 정도가 높습니다. 거의 모든 포유동물에게 보존되어 있는 유전자는 대장균에게도 보존되어 있습니다. 예를 들어 먹은 음식을 분해하기 위해 필요한 유전자는 생명 유지에 필수 불가결하므로 이러한 유전자의 대부분은 광범위한 생물 종에서 보존되어 있습니다. 탄수화물은 중요한 영양 공급원입니다. 동양인은 주로 쌀, 서양인은 주로 밀을 통해 섭취한다는 점이 다르긴 합니다. 탄수화물은 당이 길게 연결된 구조입니다. 소화관에서 포도당이라는 당으로 소화, 분해됩니다. 그 후 소장에서 체내로 흡수되며 최종적으로는 세포 안에서 분해되면서 에너지원으로 이용됩니다. 세포 안에서 포도당을 분해하는 과정을 해당 과정이라 부릅니다. 해당 과정은 에너지 공급에 필수적인 과정입니다. 이 과정에 필요한 유전자는 대장균부터 사람에 이르기까지 거의 대부분의 생물에서 보존되어 있습니다.

그렇다면 성을 결정하는, 생물에게 근원적인 기능을 담당하는 성 결정 유전자는 당연하게도 생물 종 사이에서 널리 보존되고 있을 것입니다. 하지만 포유류에서 발견되는 *SRY* 유전자는 조류나 파충류, 양서류, 어류에게는 존재하지 않습니다. 사람과 쥐에서 *SRY* 유전자가 동정된 시점에서 골인 지점에 다다랐다고 생각했던 성 결정 유전자 연구는 여기서 다시 원점으로 돌아왔습니다.

그 후 생물학 세계에서는 포유류 이외의 성 결정 유전자를 동정하기 위한 경쟁이 다시 펼쳐졌습니다. 2002년에 나가하마 요시타카, 사카이즈미 미츠루, 하마구치 사토시 연구팀에 의해 포유류 이외의 동물에서는 처음으로, 송사리의 성 결정 유전자가 발견됩니다.[23] *SRY* 유전자의 발견에서 10년 이상 경과한 시점이었습니다. 이 유전자는 송사리의 Y 염색체에 존재했으며 *SRY* 유전자처럼 정소 형성을 유도하는 유전자였습니다. 하지만 *SRY* 유전자와는 아무런 관계가 없어 보였습니다.

성 염색체를 설명할 때 XY 체계를 갖는 생물과 ZW 체계를 갖는 생물이 있다는 것을 소개했습니다. 또한 Y 염색체에는 정소 형성을 유도하는 유전자가, W 염색체에는 난소 형성을 유도하는 유전자가 있을 것이라 추측했다는 것도 말했습니다. 많은 연구자가 W 염색체상의 난소 결정 유전자에 큰 관심을 기울이던 중 2008년에 이토 미치

히코 연구팀은 아프리카발톱개구리의 W 염색체에 존재하는 난소 결정 유전자, 즉 암컷 결정 유전자를 발견했습니다.[24] 이 유전자 역시 *SRY* 유전자와는 전혀 다른 유전자였습니다. 이후 다양한 동물 종에서 성 결정 유전자가 동정되었습니다. 지금까지 발견된 성 결정 유전자는 10종 이상 되며 다양한 유전자가 성 결정 유전자로서 기능한다는 것이 밝혀졌습니다.

송사리나 아프리카발톱개구리에 이어서 루손송사리[25], 인도송사리[26], 복어[27], 방어[28], 페헤레이[29] 등 다양한 어류에서 성 결정 유전자가 동정되었습니다. 지금까지는 척추동물의 이야기를 했지만 곤충인 누에[30], 더 나아가 식물인 감나무[31]의 성 결정 유전자도 동정된 바 있습니다.

이러한 성 결정 유전자는 전부 일본인 연구자에 의해 동정된 것입니다. 세계적으로 보아도 지금까지 동정된 성 결정 유전자는 이 밖에는 몇 개 없습니다. 성 결정 유전자 연구에 대한 일본인 연구자들의 공헌은 지극히 크다고 할 수 있겠습니다.

유전자 이외의 요인으로 암수가 결정되는 생물

이처럼 유전자에 의해 암수가 결정되는 메커니즘을 '유전적 성 결정'이라 부릅니다. 하지만 생물의 성 결정 방식은 실로 다양해서 유전자 이외의 요인으로 성이 결정되는 생물도 있습니다. 그 첫 번째는 바로 수정란이 놓인 환경의 온도에 의해 성이 결정되는 방법입니다. 이러한 성 결정 방식을 '온도 의존적 성 결정'이라 합니다.

온도에 의해 성별이 결정되는 대표적인 동물로 바다거북이와 악어가 있습니다. 바다거북이는 모래사장에 구멍을 파서 알을 낳기 때문에 지표에 가까운 알과 먼 알 사이에 온도 차가 발생합니다. 또한 악어는 물가에 난 풀로 바구니 같은 둥지를 만들고 그 안에 산더미처럼 알을 낳습니다. 산더미 표면에 위치한 알과 안쪽에 있는 알 사이에 온도 차가 생깁니다. 이러한 온도 차를 이용하여 적절한 비율로 암수가 탄생할 수 있습니다.

이미 성 전환을 설명할 때 잠깐 다루었지만 크기에 따라 암수가 결정되는 동물도 있습니다. 흰동가리는 자신과 집단 내 다른 개체들의 몸집 크기를 비교하여 성별이 결정되며 오키나와베니하제(붉은 망둥어의 일종-옮긴이)는 짝을 이룰 때 상대방과 자신의 크기로 성별이 결정됩니다. 이러한 성 결정 방식을 '환경 의존적 성 결정'이나

‘사회적 성 결정’이라 합니다.

성 결정 유전자는 수컷/암컷이 되는 스위치를 켜고 끈다

다시 유전자에 의한 성 결정 이야기로 돌아옵시다. 성을 결정하는 유전자가 실제로 존재하며 포유류에서는 그 유전자가 정소를 만드는 데 필수적인 역할을 한다는 것을 이해했으리라 생각합니다. 하지만 성 결정 유전자만 있다고 정소를 만들 수 있는 것은 아닙니다. 정소를 만들기 위해서는 성 결정 유전자 이외에도 많은 유전자가 순서대로 작동해야 합니다.

많은 유전자가 어떻게 질서정연하게 작동한다는 건지 상상하는 것은 어렵긴 합니다. 도미노를 떠올리세요. 상단 유전자부터 하단 유전자로 향해 차례대로 스위치(유전자)가 켜지는 이미지가 연상될 것입니다.

정소와 난소가 만들어질 때에는 각각 별도의 도미노기 작동해야 합니다. 성 결정 유전자는 정소와 난소의 도미노 맨 처음 부분에 관여하여 이 두 개의 도미노 중 어느 쪽이 쓰러지게 될지를 결정하는 유전자입니다. 수컷에서는 성 결정 유전자에 의해 정소를 형성하기 위한 도미노가 차례차례 이동합니다. 이와 반대로 암컷은 성 결정 유전자가 없기 때문에 정소 형성을 위한 도미노 대신 난소를 형성하기 위한 도미노가 차례차례 쓰러집니다. 앞서 수정란이 놓인 온도에 의해 성이 결정되는 생물의 예를 소개했습니다. 이때는 온도가 어느 쪽 도미노를 쓰러뜨릴지 결정하는 요인이 되는 것입니다.

성 결정 유전자의 함정에 보기 좋게 빠진 연구자

처음 고백하는 내용이며 다소 부끄럽지만 사실 이 소제목의 '함정에 보기 좋게 빠진 연구자'는 바로 제 얘기입니다. 독자 여러분은 "유전자가 성을 결정한다"라는 문장을 읽었을 때 성 결정 방식에 대해 어떤 인상을 받았나요? 혹시 "유전자가 성을 결정한다"라는 말에서 수컷과 암컷이라는 성별은 매우 확고하고 한 치의 오차 없이 완벽히 구분되는 두 종류의 성으로 정해진다는 인상을 받진 않았나요?

1980년대 제가 학생이었던 시절, 세포에서 유전자를 추출하여 유전자 자체를 연구하는 것이 가능해졌습니다. 애초에 분자생물학은 대장균처럼 비교적 구조가 단순한 생물을 실험 재료로 사용해 왔으나 새로운 실험 기법과 기술이 개발되면서 포유류처럼 복잡한 생물의 유전자도 연구할 수 있게 되었습니다. 이는 분자생물학의 비약적인 발전으로 이어졌습니다.

당시 젊은 과학도들은 너 나 할 것 없이 분자생물학을 공부했습니다. 저도 그중 하나였습니다. 당시 제게 있어서 생명의 설계도인 유전자는 절대적인 존재였습니다. "유전자가 성을 결정한다"라는 말을 들었을 때 그것이 강한 힘으로 암수를 구별한다는 이미지로 받아들였습니다. 이러한 이해 방식은 암수라는 두 가지 성을 서로 대립하는 양극단으로 여기는 사고로 이어졌습니다. 성이 스펙트럼상에서 다양하게 존재할 수 있다는 사고방식이 생겨날 일이 없었습니다.

그런 이미지가 더욱 굳어진 이유 중 하나는 제가 연구 대상으로 삼았던 생물이 포유류였다는 점일 것입니다. 앞서 말했듯 어류 중에는 성 전환을 하는 종이 존재합니다. 그런 어류를 연구하는 연구자들에게는 수컷이 암컷으로, 암컷이 수컷으로 바뀌는 성 전환은 빈번하게 발견되는 자연스러운 광경이며 오히려 암수를 양극단으로 고정해 생각하는 쪽이 더 부자연스러웠을지도 모릅니다. 이처럼 서로 다른 연구 대상을 다루는 학자들에게는 보이는 광경 자체가 전혀 다를 수도 있습니다.

그런 상황에서 여러 생물 종을 다루는 연구자들과 논의를 거듭하면서 저는 "성은 고정된 것이 아니라 오히려 유동적이다"라는 사실을 이해하기 시작했습니다. 그게 대략 10년 전쯤의 일입니다. 함정에 빠진 지 20년 정도가 지나서야 비로소 성 결정 유전자의 함정에서 벗어날 수 있었던 것입니다.

하지만 "성은 유동적이다"라는 이해와 "성 스펙트럼상에서 다양하게 존재할 수 있다"라는 이해 사이에는 아직 큰 간극이 있습니다. "성은 유동적이다"라는 말은 성이 양쪽을 왔다 갔다할 수 있는 능력을 갖는다는 사실을 이해한다는 점에서 한 걸음 더 나아간 것이긴 하지만 여전히 성이란 수컷과 암컷 둘 뿐이라는 전제를 벗어난 것은 아니기 때문입니다. 따라서 다양한 위치에 존재할 수 있다는 성 스펙트럼이라는 중요한 특징을, 저는 이때까지도 아직 이해하지 못하고 있었습니다.

4장
수컷화와 암컷화는 어떻게 일어나는가?
— '성 호르몬'의 힘

호르몬이 성차를 만든다

3장에서 했던 성 변동의 네 가지 과정 이야기를 기억하는지요? '수정 시 결정되는 성 염색체 조합에 의한 결정' '성 결정 유전자에 의한 성 결정' '성 호르몬에 의한 성차 구축' '노화에 의한 탈수컷화 및 탈암컷화'라는 네 가지 원리가 존재했습니다.

3장에서는 이 네 가지 중 전반부 두 가지 과정을 주로 다루면서 유전자에 의해 어떻게 암수가 만들어지는지에 초점을 맞추었습니다. 4장에서는 후반부의 두 가지 과정에 집중하겠습니다. 즉 개체가 성장 및 성숙하고 그 후 점차 노화가 진행되며 생물의 성이 어떻게 변화하는지에 초점을 맞추겠습니다.

수정에 의해 성 염색체 조합이 결정되고 이로 인해 성 결정 유전자를 가진 개체가 정소를 가진 수컷이 되며 그렇지 못한 개체는 난소를 가진 암컷이 됩니다. 하지만 정소와 난소가 만들어진 직후 확실하게 드러나는 암수 간 성차는 생식 기관 정도밖에 없으며 이외에 뚜렷하게 보이는 성차는 존재하지 않습니다. 따라서 이 시기의 성 스펙트럼상 위치는 중앙에서 아주 조금 이동한 정도입니다.

이 위치는 출생 후 성 성숙기를 겪으면서 점점 변화합니다. 이 시기에는 정소와 난소가 활발하게 활동을 시작하고 남성 호르몬과 여성 호르몬의 생산 역시 활발해집니다. 이러한 성 호르몬이 온몸 구석구석까지 성차를 유도하면서 성 스펙트럼상 위치가 크게 이동하게 됩니다. 여기서 우선 가장 중요한 열쇠 중 하나인 성 호르몬에 대해 설명하겠습니다.

새로운 시대를 연 '호르몬의 발견'

지금은 많은 분이 호르몬이라는 단어를 알고 있으리라 생각합니다. 사실 호르몬을 발견한 것은 고작 20세기 초반의 일이었습니다. 1902년, 영국의 생물학자 윌리엄 베일리스와 어니스트 스탈링은 소장 점막에서 생산된 물질이 혈류를 타고 이자로 운반되어 이자액 분비를 촉진한다는 사실을 발견했습니다. 이들은 이 물질을 '세크레틴'이라 명명했습니다.[32] 그 이후 스탈링은 세크레틴과 같이 어느 장기나 세포에서 생산된 후 혈류를 타고 흘러 다른 장기나 세포로 운반되어 기능을 하는 물질을 '호르몬'이라 부르자고 제안했습니다. 스탈링의 제안은 널리 받아들여졌으며 그 명칭은 그 후에도 전 세계에서 널리 사용되고 있습니다.

스탈링의 발견은 지금까지도 여러 교과서에 기재되어 높은 평가를 받고 있습니다. 이 연구가 단순히 호르몬의 발견에 그치지 않고 그 이상의 공헌을 했기 때문입니다. 그것은 바로 '내분비학'이라는 새로운 학술 연구 영역을 개척했다는 사실입니다.

우리 몸은 다양한 세포와 기관으로 이루어져 있습니다. 각각의 세포나 기관은 특화된 기능을 수행하면서 개체의 생존에 기여합니다. 물론 각각이 자기 멋대로 일을 하는 것은 아닙니다. 신체가 받아들이는 다양한 자극에 반응하여 모든 세포 및 기관이 협력하면서 기능을 수행하는 것입니다.

우리 몸에는 다양한 세포나 기관이 협력하여 기능을 수행할 수 있도록 하는 장치가 두 가지 있습니다. 첫 번째는 바로 온몸 곳곳에 퍼져 있는 '신경계'입니다. 배고

픈 사자 앞에 얼룩말이 나타난 광경을 상상해 봅시다. 사자는 얼룩말을 눈으로 확인하고 타이밍을 계산하여 이때다 싶을 때 전력 질주를 하여 얼룩말을 사냥합니다. 얼룩말을 인식하고 사냥에 성공하기까지 이 일련의 과정에는 다양한 기관이 작용했습니다. 눈으로 사냥감을 확인하고, 뇌에서 정보를 처리하여, 골격근의 움직임을 촉진한 것입니다. 여기서 중요하게 작동한 것이 바로 신경계입니다. 온몸 곳곳에 퍼져 있는 신경을 기반으로 하는 제어 시스템은 다양한 장기, 기관, 세포를 협조적으로 움직이도록 만드는 장치입니다.

또 한 가지 장치가 바로 스탈링이 제창했던 내분비계입니다. 밥을 먹은 후 혈당량이 높아진 상태를 떠올려 봅시다. 사실 이처럼 혈당이 높은 상태가 계속되면 우리는 모두 당뇨병에 걸릴 것이고 장기간 방치할 경우 신체에 심각한 손상을 초래하게 됩니다. 이때 이자의 베타세포가 혈당량 상승을 감지하고 혈액 속 포도당을 세포 안으로 이동시키는 인슐린을 혈액 속으로 분비합니다. 인슐린이 혈류를 타고 온몸의 세포로 운반되며 이를 통해 세포들은 포도당을 흡수해 에너지원으로 사용합니다. 그 결과 혈당은 다시 정상 수준으로 낮아집니다.

인슐린이 바로 대표적인 호르몬 중 하나입니다. 스탈링이 제시했던 호르몬의 정의인 "어느 장기나 세포에서 생산된 후 혈류를 타고 흘러 다른 장기나 세포로 운반되어 기능을 하는 물질"에 잘 부합하고 있다는 사실을 알 수 있습니다. 신경계와 마찬가지로 온몸에 퍼져 있는 혈관과 호르몬은 다양한 생리적 기능을 조절합니다. 이러한 호르몬에 의한 신체 조절 작용을 내분비 조절이라 합니다. 스탈링은 바로 이러한 호르몬에 의한 제어라는 새로운 개념을 처음으로 제시했다는 점에서 오늘날까지도 내분비학의 아버지 중 한 명으로 칭송받고 있습니다.

남성 호르몬의 발견에 얽힌 어두운 역사

호르몬이라는 단어는 이렇게 세상에 등장했습니다. 다만 남성 호르몬의 활성이 처음으로 학술 논문에 실렸던 것은 1849년으로 스탈링이 호르몬이라는 단어를 제안했던 것보다 훨씬 전이었습니다.[33] 실제로 스탈링 전부터 호르몬이라는 물질에 대한 연구는 아무도 모르게 소용히 시작되고 있었던 것입니다. 여기서 잠깐 남성 호르몬 연구에 얽힌 역사를 소개하겠습니다.

1849년에 독일의 생물학자 아르놀트 베르톨트가 발표한 논문에는 수탉의 정소를 적출한 후 그 영향을 연구한 실험 결과가 실려 있습니다. 닭 역시 암수 사이 현저한 성차를 보이는 종입니다. 머리에 난 빨간 벼슬이나 꽁지 깃은 암컷보다 수컷의 것이 훨씬 큽니다. 공격 행동이나 '꼬끼오'하는 울음소리 등 수컷의 특징적인 행동도 관찰할 수 있습니다. 다시 말해 닭은 형태뿐 아니라 행동에서도 명백한 성차를 띱니다. 베르톨트의 연구팀은 정소를 적출한 수탉이 수컷 특유의 형태나 행동을 보이지 않는다는 점을 확인했던 것입니다.

이어서 정소를 적출한 수탉에게 다른 닭의 정소를 이식하면 다시금 수컷의 형태 혹은 행동이 나타난다는 것도 확인을 했습니다. 베르톨트는 이 결과를 통해 '정소에서 만들어져서 혈액을 타고 다른 장기에 영향을 주는 물질'이 수컷 특유의 형태나 행동을 만들어 내는 것이라 추측했습니다. 즉 그는 호르몬이라는 단어조차 존재하지 않던 때에 처음으로 호르몬에 의한 내분비 조절의 기작을 제시했던 것입니다. 내분비학의 아버지라 불리는 연구자는 여럿 존재하지만 베르톨트 역시 그중 한 명으로 칭송받고 있습니다.

베르톨트의 연구는 분명히 고평가를 받아 마땅했으나 실제로 그의 논문은 60년이 넘는 기간 동안 사람들에게 알려지지 못하고 묻혀 버리고 말았습니다. 혹자는 그 이유가 바로 그가 있었던 괴팅겐 대학에 그를 매우 시기질투한 라이벌 루돌프 바그너가 있었기 때문이라고 말하기도 합니다.

바그너는 베르톨트의 실험을 따라 추가 실험을 진행했으나 베르톨트와 동일한 결과를 재현하지 못했습니다. 즉 반복 실험을 통해 동일한 결과를 얻지 못했다는 점에서 베르톨트의 실험 결과는 틀렸다고 비난했습니다. 연구자들은 연구 성과를 논문으로 작성할 때 다른 연구자도 자신과 동일한 결과를 얻을 수 있도록 실험 방법이나 실험 조건을 상세히 기술해야 합니다. 즉 '자신의 결과가 재현 가능하도록' 해야 합니다. 다른 연구자에 의해 재현되지 못하면 "당신의 결과는 엉터리 실험으로 얻어진 거 아니냐" 혹은 "결과를 날조한 거 아니냐"라는 비판을 듣기도 합니다. 이때는 자신의 실험 정보나 실험 재료를 더 제공해 주거나 최종적으로는 같이 실험하면서 자신의 실험 결과가 타당했다는 것을 인정받기 위해 노력합니다. 이것은 연구자가 저야 하는 책임이기도 합니다.

질투심이 강한 바그너와 달리 베르톨트는 싸움을 싫어하는 성격이었던 것 같습니다. 결국 베르톨트의 실험은 연구자들로부터 무시당하고 묻히게 되었습니다. 그 결과 베르톨트가 아닌 바그너가 교수로 승진할 수 있었습니다. 이렇게 베르톨트의 귀중한 실험 결과는 부정당한 채 베르톨트는 자신의 결과가 빛을 보기 전인 1861년 세상을 타계하고 맙니다.[34]

하지만 타당한 결과는 언젠가 반드시 재현되기 마련입니다. 베르톨트가 남긴 연구 성과는 약 60년 후 재평가되었습니다. 1909년에는 개구리[35], 1910년에는 쥐[36], 1911년에는 베르톨트가 실험했던 수탉[37]을 이용해 그의 실험 결과가 맞았음이 다시금 증명되었습니다.

성 스펙트럼의 관점에서 베르톨트의 실험 결과를 설명하겠습니다. 그는 정소를 적출하면 수컷 특유의 특징이 약해지는 것을 관찰했습니다. 이 결과는 정소를 적출하면 성 스펙트럼상에서 수컷 100%에서 중앙 쪽을 향해 이동한다는 의미입니다. 정소를 이식하면 다시 수컷의 특징이 나타납니다. 정소의 이식으로 다시 성 스펙트럼상 위치를 수컷 100% 쪽으로 이동시킬 수 있다는 것입니다. 정리하면 베르톨트의 실험은 정소 적출이 '탈수컷화', 정소의 이식이 '수컷화'를 유도할 수 있다는 것을 증명한 연구였습니다.

참고로 베르톨트가 했던 수탉의 정소 적출은 일련의 연구를 위해 이루어진 것이었으나 역사를 거슬러 올라가면 그보다 훨씬 전부터 동물의 정소 적출이 이뤄졌습니다. 훨씬 전부터 정소를 적출당한 말, 소, 돼지 등의 가축 말입니다. 유목민이 수말을 거세한 후 몰고 다녔다는 사실은 아마 잘 알고 있을 겁니다. 거세된 수말은 난폭성이 감소하여 더 관리하기 쉬웠기 때문입니다.

가축에 이어 거세된 동물 중에는 사람도 있습니다. 환관, 즉 내시의 사례가 그렇습니다. 중국에서는 기원전 춘추전국시대부터 신해혁명으로 청나라가 멸망하면서 마지막 황제인 선통제가 자금성에서 추방당하는 1924년에 이르기까지 긴 시간 동안 후궁을 보필하는 관리로서 거세된 환관이 활약해 왔습니다. 마찬가지로 기원전 고대 그리스나 로마 제국, 오스만 제국에도 환관이 있었습니다. 환관은 남성 특유의 낮은 목소리 대신 여성처럼 높은 목소리를 냈으며 수염이 자라지 않았다는 기록이 있습니다. 가축을 거세했을 때와 마찬가지로 '탈수컷화(탈남성화)'가 이뤄졌던 것입니다.

여성 호르몬의 발견에 얽힌 비극

여성 호르몬의 연구 이면에도 어두운 역사가 숨어 있습니다. 어두운 역사보다도 비참한 사건이라는 표현이 더 적절할지도 모르겠습니다. 미국의 산부인과 의사였던 로버트 배티가 1869년 시작했던 외과 수술을 통해 이루어진 사례입니다. 배티는 월경 곤란증('월경 전 증후군' 혹은 흔히 '생리통'이라고도 부릅니다)이나 무월경(월경이 나타나지 않는 증세), 월경 과다 등을 치료하기 위해 난소 적출을 행했습니다. 배티에 의한 적출 수술은 굉장히 오랜 기간 이어졌으며 거의 15만 명에 달하는 여성들이 난소 적출 수술을 받았다고 합니다. 배티는 당시 미국 산부인과 학회 회장을 역임할 정도로 활약을 했습니다. 한데 배티의 수술로는 증상이 전부 해결되지 않는다며 회의적인 의견이 있었기에 결국 수술의 적합성에 대한 검증이 시작됩니다. 그 결과 배티가 회장직에서 은퇴한 지 3년 후인 1891년, 미국 산부인과 학회는 난소 적출 수술의 부적합성을 강력히 규탄하게 됩니다. 그 결과 이러한 증상의 치료를 목적으로 한 난소 적출 수술은 결국 금지됩니다.

이러한 비극적인 역사에서도 성 과학적으로 배울 점은 있습니다. 난소 적출이 여성에게 어떠한 변화를 가져왔는지에 대한 점입니다. 확인된 변화 중 가장 현저한 예시로는 질 수축이나 폐경 후 여성에게서 나타나는 '핫 플래시' 증상(핫 플래시란 자율신경계의 조절이 잘 되지 않아 상반신이 상기된 듯 느끼거나 땀이 심하게 나는 등의 증상을 의미합니다)을 들 수 있습니다. 난소 적출이 이러한 증상을 일으킨다는 사실에서 "난소에는 이러한 현상을 억제하는 무언가가 있다"라는 추측이 이루어졌습니다.

난소 적출이 생명체에 어떠한 영향을 미치는지 연구하는 동물 실험을 행한 것은 인간의 난소를 적출하는 치료보다 나중 일입니다. 1896년 오스트리아 산부인과 의사였던 에밀 크나우어가 토끼를 이용하여 난소 적출 실험을 했습니다. 그 실험에서 난소를 적출당한 토끼는 자궁이 위축되었으며 다시 난소를 이식하자 자궁 크기가 원래대로 돌아왔다는 사실이 보고되었습니다. 베르톨트의 정소 적출 및 이식 실험과 거의 똑같은 결과라고 할 수 있습니다. 토끼의 난소 적출 실험 결과는 난소가 자궁의 유지를 위해 필요한 물질을 만들어 낸다는 점을 시사했습니다.[38] 1897년에는 영국의 학자 휴버트 포스베리가 폐경이 온 여성에게 난소 추출물을 투여하자 핫 플래시 증상이 완화되었다는 결과를 보고하기도 했습니다.[39]

이러한 실험을 통해 알려진, 난소에서 만들어져 '여성화'를 일으키는 물질을 통칭하여 '여성 호르몬'이라 부르기 시작했습니다. 이 호르몬은 '에스트로겐estrogen'이라고 부르기도 합니다. 에스트로겐이라는 명칭은 이 호르몬이 동물 암컷의 발정과 깊은 연관성이 있다는 점에서 붙은 이름입니다. 발정을 의미하는 그리스어 '에스트루스estrus'와 일으킨다는 의미의 '겐gen'에서 따온 이름입니다. 한편 남성 호르몬은 영어로 '안드로겐androgen'이라고 부릅니다. 그리스어로 남성을 의미하는 '안드로Andro'에서 유래했습니다. 여러 종류의 남성 호르몬을 총칭하여 부르는 용어입니다.

이러한 역사를 거치며 연구자들은 정소와 난소에서 만

들어지는 성 호르몬의 다양한 특징이나 기능을 알아낼 수 있었습니다. 물론 연구자들이 가장 밝히고 싶었던 것은 바로 성 호르몬의 '구조'였습니다. 성 호르몬은 분명히 생물의 생리 작용을 조절하는 물질이었기 때문에 구조만 명확히 파악한다면 약으로 사용할 수 있으리라 기대했기 때문입니다. 이 과정에서 여러 어두운 그림자가 드리워진 이야기가 많지만 이 이상 과거의 치부를 드러내지는 않겠습니다. 다만 많은 연구자가 노력한 결과 남성 호르몬과 여성 호르몬의 구조가 밝혀졌으며 그 과정에서 노벨상을 수상한 연구자도 있으며 약의 개발도 진전되었습니다.

*남성 호르몬과 여성 호르몬은 각각 한 종류씩만 존재하는 것은 아닙니다. '남성 호르몬'과 '여성 호르몬'이라는 단어는 그러한 물질을 총칭하는 단어입니다. 대표적인 남성 호르몬에는 '테스토스테론'이 있습니다. 하지만 실제로 5α-디하이드로테스토스테론이 훨씬 더 강한 활성을 갖고 있습니다. 마찬가지로 여성 호르몬에는 다양한 종류가 있으며 '에스트라디올'이 가장 강한 활성을 갖고 있다고 알려져 있습니다.

성 호르몬은 과연 어떤 일을 하는 걸까?

지금까지 정소/난소에서 분비되는 남성 호르몬/여성 호르몬이 혈류를 타고 온몸의 세포로 운반되어 기능을 수행한다는 사실을 배웠습니다. 그렇다면 지금부터는 본격적으로 성 호르몬이 어떤 기능을 하는지를 설명하겠습니다.

성 호르몬이 세포에 도달해 제 역할을 하려면 먼저 세포가 성 호르몬의 도착을 인식하고 감지할 수 있어야 합니다. 이 과정에서 필요한 것이 바로 '수용체'입니다. 성 호르몬 수용체는 성 호르몬과 결합할 수 있는 단백질입니다. 남성 호르몬은 남성 호르몬 수용체와, 여성 호르몬은 여성 호르몬 수용체와 각각 결합합니다. 남성 호르몬과 여성 호르몬은 구조가 상당히 비슷하긴 하지만 남성 호르몬은 여성 호르몬 수용체와 결합하지 못하고 반대로 여성 호르몬 역시 남성 호르몬 수용체와 결합하지 못합니다. 즉 이 수용체들은 남성 호르몬과 여성 호르몬 사이의 작은 구조적 차이조차도 구별하여 각자 정해진 호르몬과만 결합할 수 있도록 설계되어 있다는 뜻입니다.

매우 비슷한 물질이더라도 그 구조의 차이를 정확히 판별하여 결합할 때 우리는 "결합의 특이성이 높다"라고 표현합니다. 우리 몸속 여러 물질은 서로의 구조가 꼭 들어맞을 때에만 결합이 성립하는 경우가 많습니다. 남성 호르몬과 남성 호르몬 수용체, 여성 호르몬과 여성 호르몬 수용체는 서로 구조가 꼭 맞기 때문에 서로 결합하면서 다른 물질과는 결합하지 않는 높은 특이성을 보일 수 있는 것입니다.

그렇다면 과연 성 호르몬과 결합한 수용체는 무슨 일을 할까요? 성 호르몬과 결합한 수용체는 바로 '전사 인자'로서 기능합니다. 전사 인자는 유전자의 발현을 조절합니다. 우리 몸속에는 약 2000종류의 전사 인자가 존재하며 이들에 의해 2만 5000개가 넘는 유전자가 때로는 활성화되고 때로는 억제되면서 적절하게 발현될 수 있는 것입니다.

일반적으로 하나의 유전자는 여러 개의 전사 인자에 의해 복합적으로 조절됩니다. 또한 하나의 전사 인자도 여러 종류의 유전자를 조절할 수 있습니다. 남성 호르몬 수용체는 특정 유전자들의 발현을 조절함으로써 남성 특유의 형태나 기능을 만들어 냅니다. 마찬가지로 여성 호르몬 수용체도 여성의 신체적 특성과 생리적 기능을 조절하는 여러 유전자의 발현을 조절합니다.

이차 성징을 일으키는 것도 호르몬이다

이처럼 성 호르몬 수용체는 전사 인자로서 유전자 발현을 정교하게 조절하고 이를 통해 남성과 여성 각각의 특징적인 모습이나 기능을 형성하면서 성차를 만들어 냅니다. 지금부터는 구체적으로 어떠한 성차가 유도되는지 간단하게 설명하고 그 후에는 성 호르몬을 독특하게 활용하는 생물에 대해서도 잠깐 다뤄보겠습니다.

우리 인간의 신체적 성은 태아기 때 이미 결정됩니다. 그 시기에 나타나는 남녀로서의 특징을 '일차 성징'이라 부릅니다. 하지만 이 시점에서는 생식기의 형태 이외의 성차는 나타나지 않습니다. 성인 남녀가 보이는 다양한 성차는 이 시기에서는 아직 살펴볼 수 없습니다.

사춘기 이후에는 성차가 뚜렷하게 나타나기 시작합니다. 사춘기에 접어들면 그때까지는 잠잠하던 정소와 난소가 아주 활발하게 성 호르몬을 만듭니다. 이 시기 남자는 정소나 음경이 커지고 음모가 자라며 남성적인 특징이 현저하게 나타납니다. 목젖이 두드러지고, 목소리가 굵어지며, 몸 전반적으로 근육이 발달하는 것도 이 시점입니다. 여자는 자궁, 난소, 질, 외음부가 발달하고 초경이 찾아옵니다. 유방이 발달하고, 골반이 커지며, 피하 지방이 증가하는 등의 신체 변화가 두드러집니다. 이러한 남녀의 신체 변화를 '이차 성징'이라 부릅니다. 이러한 변화 역시 성 호르몬에 의해 유도됩니다.

지금까지의 설명을 보면 마치 남성 호르몬은 남성(수컷)에게만 여성 호르몬은 여성(암컷)에게만 존재하는 호르몬처럼 보일지도 모릅니다. 하지만 실제로 남성 호르몬은 여성의 몸에서도 생산됩니다. 여성 호르몬 역시 남성의 몸에서도 생산됩니다. 그 양이 크게 차이가 날 뿐입니다. 사람으로 예를 들면 혈중 남성 호르몬의 농도는 (개인차가 있을 수 있으나) 남성이 여성보다 10배 이상 높습니다. 마찬가지로 여성 호르몬의 혈중 농도는 여성이 남성보다 10배 정도 높습니다. 즉 성 호르몬의 양 차이가 성차를 만드는 데 굉장히 중요하다는 것을 알 수 있습니다.

'난정소'를 갖는 신기한 두더지

지금까지 본 것처럼 사춘기부터 성숙기에 이르기까지 성 호르몬의 역할은 상당히 크며 성 호르몬에 의해 남녀 간 성차가 뚜렷하게 유도됩니다. 한편 자연계에서는 이러한 성 호르몬을 조금 독특하게 이용하는 동물도 있습니다.

두 가지 예시를 소개하겠습니다. 첫 번째 예시는 바로

남성 호르몬을 이용하는 암컷 두더지입니다. 제가 아직 대학 조교수로 있던 시절, 스페인에서 아주 기묘한 두더지가 발견되었다는 논문을 읽은 기억이 납니다.[40] 그 논문에는 덫을 놓아 야생 두더지를 포획하여 연구를 했다고 적혀 있었습니다. 삽으로 구멍을 파면서 덫을 설치하는 모습을 상상하니 학생들이 얼마나 힘들었을까 하며 논문을 읽었던 기억이 나네요.

그 두더지가 얼마나 기묘한 생물인가 하면 암컷 두더지가 난소가 아니라 '난정소'라는 기관을 갖는다는 것이었습니다. 난정소란 난소 영역과 정소 영역을 동시에 갖는 하나의 기관입니다. 난소의 일부가 정소처럼 된 난정소가 있는가 하면 정소의 일부가 난소처럼 된 난정소도 존재합니다. 이 논문에서 소개된 두더지는 암컷이었으므로 난소의 일부가 정소처럼 변한 결과 난정소가 된 것이었죠. 다만 이 두더지의 난정소는 정소 영역을 갖고 있기는 하지만 정자를 만들지는 못합니다. 정자를 만들기 위한 유전자는 Y 염색체에 존재하나 이 두더지는 암컷이었기 때문에 정자를 만들 유전자들을 갖고 있지 않기 때문이죠.

그렇다면 이 두더지는 정소 영역을 갖고 대체 무엇을 하는 걸까요? 바로 남성 호르몬을 만들기 위함입니다. 이후 이 실험에서 사용된 스페인두더지뿐 아니라 다른 두더지 종에서도 암컷이 난정소를 갖고 있다는 사실이 밝혀졌습니다. 또한 정소 영역이 비대해지는 시기와 작아지는 시기가 있다는 사실도 밝혀졌습니다. 두더지의 번식기는 계절성을 띱니다. 이 번식 주기와 함께 암컷 난정소의 정소 영역이 커졌다 작아졌다 하는 것입니다. 즉 번식기인 봄에는 정소 영역이 작아지고 번식기를 다 지난 가을에는 다시 정소 영역이 커지는 것입니다.

암컷 두더지의 남성 호르몬 분비량 역시 정소 영역의 변화와 함께 봄에는 낮고 가을에 더 높아집니다. 두더지는 비번식기 동안에는 자신의 영역을 갖고 유지합니다. 이 시기는 암컷 두더지에게는 새끼를 양육하는 시기이기도 합니다. 외부의 적에게서 새끼를 지키기 위해 공격성도 상당히 높아집니다. 많은 동물 종에서 강한 공격성이 체내 남성 호르몬 농도 상승과 연관된다는 실험 결과에 따르면 아마도 두더지 역시 남성 호르몬을 통해 공격 행동이 유발되는 것은 아닐까 추측할 수 있습니다. 요약하자면 암컷 두더지는 비번식기 동안 자신의 공격성을 높이고 새끼를 보호하기 위해 난정소라는 독특한 생식샘을 발달시키고 남성 호르몬을 유용하게 이용해 왔다는 뜻입니다. 행동을 지표로 성 스펙트럼식 사고를 하면 남성 호르몬은 암컷 두더지의 성 스펙트럼상 위치를 암컷 쪽에서 수컷 쪽으로 이동시킨다고 생각할 수 있습니다.

호르몬으로 부하를 거느리는 벌거숭이두더지쥐

벌거숭이두더지쥐에 대해서는 이미 2장에서 간단히 설명한 바 있습니다. 크게 발달된 난소를 갖는 여왕쥐만이 새끼를 낳을 수 있으며 다른 암컷 쥐(일쥐)들은 난소가 발달되지 못해 새끼를 낳을 수 없습니다. 이 암컷 쥐들은 여왕쥐가 낳은 새끼쥐들을 온힘을 다해 돌봅니다.

사실 새끼를 양육하는 데에는 임신기에 증가하는 여성 호르몬이 중요한 역할을 한다고 합니다. 난소가 발달하지 못하고 임신도 할 수 없는 일쥐의 몸 속에는 여성 호르몬이 거의 만들어지지 않습니다. 하지만 일쥐는 묵묵하고 부지런하게 여왕쥐가 낳은 새끼를 돌봅니다. 일쥐가 여성 호르몬을 직접 만들어 내지 못하면서도 이렇게 성실히 양육 행동을 하는 이유는 오랜 시간 미지의 영역이었습니다. 하지만 2018년 기쿠스이 다케후미를 중심으로 한 공동 연구팀에 의해 그 수수께끼가 풀렸습니다.

식분食糞. 한자 그대로 변糞을 먹는食 행위를 말합니다. 많은 동물에서 이러한 식분 패턴이 나타납니다. 벌거숭이두더지쥐 역시 마찬가지입니다. 여왕 두더지쥐는 이를 이용하여 일쥐에게 여성 호르몬이 듬뿍 담긴 변을 먹입니다. 임신을 하고 출산을 하기까지 암컷의 몸속에서는 여성 호르몬 농도가 크게 상승합니다. 즉 여왕 두더지쥐는 임신 중 크게 증가한 여성 호르몬이 가득 섞인 변을 일쥐에게 먹이는 교묘한 방식을 이용하여 일쥐가 불평없이 새끼를 돌보게 '조종'할 수 있는 것입니다.[41]

양육 행동이라는 지표를 기준으로 생각해 보면 식분 행위를 통해 여성 호르몬을 전달받은 암컷 일쥐는 성 스펙트럼상에서 암컷 쪽 말단에 가까이 이동한다고 해석할 수 있습니다.

여성의 성 스펙트럼상 위치는 주기적으로 변한다

인간 여성 뿐 아니라 많은 생물 종의 암컷이 성 성숙 이후 일정한 주기로 배란을 반복합니다. 인간은 한 달에 한 번 꼴로, 쥐는 4~5일에 한 번 꼴로 말이죠. 계절에 따라 번식을 하는 동물은 번식기가 다가올수록 난자가 성숙이 되며 때에 맞춰 배란을 합니다. 이러한 주기를 특히 사람에서는 월경 주기라고 부릅니다.

그림 11은 인간의 월경 주기에 따른 여성 호르몬 중 에스트라디올(실선)과 황체 호르몬(프로게스테론, 점선)의 혈중 농도 변화 양상을 보여 주고 있습니다. B 그래프의 세로축은 호르몬의 농도를 나타냅니다. 가로축은 시간을 나타내며 그래프 딱 중간에 배란일이 오고 있습니다. 배

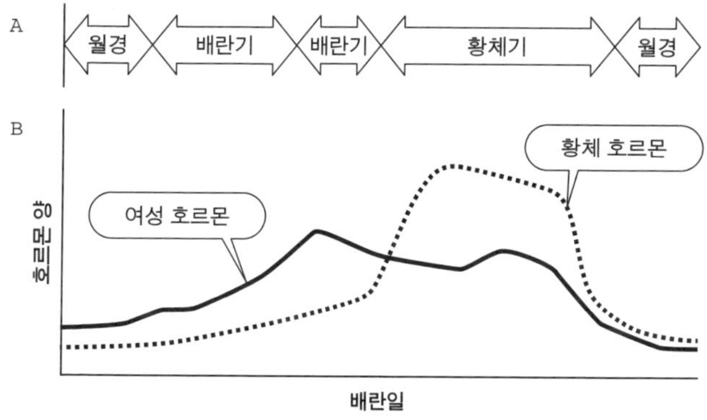

그림 11. 월경 주기(A)와 여성 호르몬 양(B)의 변동. 월경 주기는 난포기, 배란기, 황체기를 겪으며 다시 처음 주기로 돌아온다. 이러한 주기적인 변화 과정에서 혈중 여성 호르몬 농도도 함께 변화한다.

란일이 다가올수록 점차 난자가 성숙합니다. 이때 난소에서는 여성 호르몬 생산이 매우 활발히 이루어지며 배란 전에 최대치를 찍습니다. 그리고 배란 후에는 조금씩 감소하지만 한동안은 높은 상태가 거의 그대로 유지됩니다. 배란 후 난포(난자를 만드는 세포)는 황체라는 형태로 바뀌며 성 호르몬과 마찬가지로 스테로이드 호르몬의 일종인 황체 호르몬을 생산하기 시작합니다. 그 후 황체가 점차 퇴화되며 여성 호르몬과 황체 호르몬의 농도도 큰 폭으로 줄면서 다시 월경 주기의 처음으로 돌아갑니다.

이렇듯 성인 여성의 여성 호르몬 양은 일정하지 않습니다. 높을 때와 낮을 때 거의 10배 이상 차이가 나기도 합니다. 또한 임신 중에는 여성 호르몬 생산이 더욱 활발해져서 평상시 혈중 농도보다 100배 이상 상승하기도 합니다.

여성 호르몬은 여성화(암컷화)를 일으키는 힘을 제공합니다. 순수하게 여성 호르몬의 양만을 기준으로 삼는다면 여성 호르몬 분비량이 높은 여성은 성 스펙트럼상에서 여성 쪽 말단(여성 100%)에 가까워진 상태라고 볼 수 있습니다. 여성 호르몬 양이 낮아지는 것은 성 스펙트럼상에서 중앙 쪽으로 이동한 상태라 볼 수 있습니다. 여성은 이러한 주기성을 보이는 성 스펙트럼상 변동을 월경 주기마다 반복하고 있는 것입니다. 또한 임신 중에는 여성 호르몬의 혈중 농도가 100배 이상 증가할 수 있습니다. 따라서 임신 중인 여성분의 성 스펙트럼상 위치를 논의하는 것은 아주 어려울지도 모르겠네요.

내분비 교란 물질

여기서 다시 한번 2장에서 잠깐 언급한 내분비 교란 물질(환경 호르몬) 이야기를 다시 떠올려 봅시다. 호르몬과 수용체 사이 결합은 특이성이 매우 높았습니다. 따라서 수용체가 전혀 다른 호르몬과 결합하는 일은 없습니다.

하지만 이것은 어디까지나 생명체가 직접 체내에서 만든 호르몬에 한정한 이야기입니다. 사람들이 만들어 낸 무수히 다양한 종류의 화학 물질 중 성 호르몬 수용체와 꼭 맞는 물질이 있을 수도 있습니다. 그러한 물질을 섭취하면 여성 호르몬이 없어야 할 때에도 마치 여성 호르몬이 생성되고 있는 것처럼 몸이 반응합니다.

또한 여성 호르몬 수용체에 결합할 수 있는 물질이 전부 여성 호르몬과 똑같은 기능을 수행할 수 있는 것도 아닙니다. 수용체와 결합하면서 오히려 수용체의 유전자 발현 조절 과정을 억제하는 물질도 있습니다. 그러면 사람 체내의 원래 여성 호르몬이 작동을 하고 싶어도 수용체가 환경 호르몬과 결합해 있기 때문에 정상적으로 일을 수행할 수 없습니다. 즉 전자는 여성화를 지나치게 촉진하며, 후자는 오히려 탈여성화를 촉진한다고 할 수 있습니다.

생물이 긴 진화 과정에서 쌓아 온 성 호르몬에 의한 조절 시스템은 내분비 교란 물질에 의해 쉽게 붕괴될 수 있습니다. 성 호르몬 수용체와의 결합을 통해 성 호르몬에 의한 내분비 조절을 교란하는 물질, 이들이 바로 '내분비 교란 물질'입니다.

나이와 함께 진행되는 탈남성화, 탈여성화

사춘기부터 성 성숙기에 이르기까지 정소와 난소에서 활발하게 만들어지는 성 호르몬이 수용체와 결합하며 각각의 수용체가 특정 유전자의 발현을 활성화합니다. 그 결과 남성적인 혹은 여성적인 특징이 만들어지는 것입니다. 이렇게 성인 남성(성체 수컷)과 성인 여성(성체 암컷)의 신체적 성별은 각각 스펙트럼의 양쪽 끝으로 크게 이동합니다.

그 후 나이를 먹으면서 정소와 난소 기능은 저하되며 성 호르몬의 생산량도 감소합니다. 그 결과 성 호르몬이 만드는 특징도 점차 감소합니다. 성 스펙트럼상 위치는 나이를 먹으면서 점차 중앙 쪽으로 이동하는 것입니다.

물론 이러한 과정은 모든 동물에서 발견되는 것은 아닙니다. 번식 가능한 연령을 넘어서까지 오래 사는 생물은 사실 굉장히 희귀하기 때문입니다. 많은 생물은 자손을 남기지 못하면 수명을 다하게 됩니다. 이런 의미에서 인간은 수많은 생물 중 상당히 희소한 예외라 할 수 있습니다.

물론 인간 외에도 폐경이 일어나는 동물, 다시 말해 자손을 남길 능력이 없어진 이후에도 삶을 유지하는 동물이 없는 것은 아닙니다. 2장에서 설명한 범고래가 바로 그 예입니다. 범고래 암컷은 폐경 이후에도 삶을 유지하며 자신의 딸이 낳은 손주를 돌보아 집단 내 어린 개체들이 순조롭게 성장할 수 있도록 돕습니다. '할머니 효과'입니다. 다만 이런 예외를 제외하면 나이를 먹으면서 탈남성화, 탈여성화를 겪는 생물은 사실상 인간 정도라고만 생각해도 무방합니다.

여성의 갱년기 장애

그림 12에 나타나 있듯 나이가 들수록 남성화와 여성화의 원동력이 되어 온 성호르몬이 감소하기 때문에 탈남성화, 탈여성화가 진행됩니다. 다만 남성과 여성에서의 패턴이 많이 다릅니다.

인간 여성은 폐경이라는 현상을 겪습니다. 주기적인 난자 형성과 배란이 멈추는 현상입니다. 난자 형성 과정에서 주기적으로 여성 호르본 양이 상승하거나 하강한다는 사실은 앞서 설명했습니다. 하지만 폐경이 오면 여성 호르몬의 양이 상승하는 일이 없어지고 체내 여성 호르몬 양은 급격히 저하되기만 합니다. 이러한 급격한 저하에 의해 폐경 전후로 '갱년기 장애'라 부르는 다양한 증상이 나타나기도 합니다.

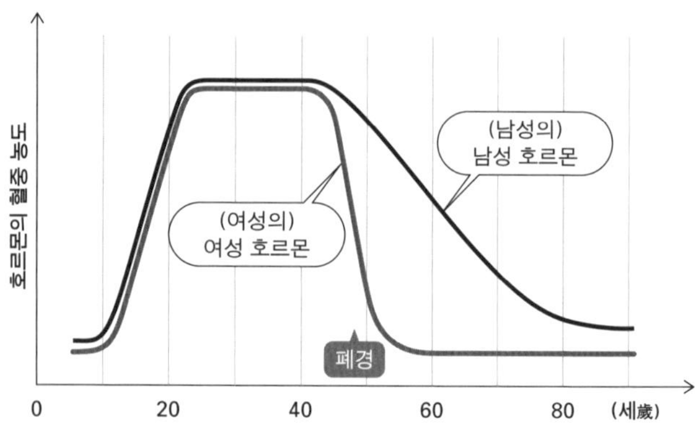

그림 12. 인간의 생애 주기 동안 나타나는 성 호르몬의 혈중 농도 변화.

한편 남성의 경우 폐경과 같은 현상이 존재하지 않습니다. 정소가 갑자기 정자 형성을 뚝 끊는 일도 없으며 남성 호르몬의 양이 급격히 감소하는 일도 없습니다. 하지만 정소의 기능은 점진적으로 저하되기는 하므로 그에 따라 남성 호르몬도 점진적으로 감소해갑니다. 따라서 남녀의 서로 다른 패턴 때문에 탈남성화, 탈여성화의 속도 역시 크게 차이가 납니다. 천천히 진행되는 탈남성화에 비해 탈여성화는 더 급속하게 이뤄지는 것입니다.

골다공증은 탈여성화의 부산물

우리 몸은 나이가 들면서 큰 변화를 겪습니다. 많은 경우 이러한 변화를 통틀어서 '노화'라 부르지만 여기서는 그중 특히 성차와 관련된 변화에 주목하면서 탈수컷(남성)화와 탈암컷(여성)화를 고찰해 보겠습니다.

골다공증은 보통 고령층에서 많이 발생합니다. 하지만 그 빈도에도 남녀 차이가 존재한다는 사실을 알고 있었나요? 폐경 후 여성의 몸에서는 골밀도가 현저히 줄어든다는 사실이 잘 알려져 있습니다. 그와 함께 뼈의 강도 역시 함께 저하되기 때문에 골절이 되기 쉬운 상태가 됩니다. 이러한 증상을 골다공증이라 합니다. "여자만 골다공증에 많이 걸린다니, 너무 불공평해!"라고 생각하는 사람도 있을 것입니다. 물론 남성도 골다공증에 걸립니다. 다만 (물론 어떤 뼈를 검사에 이용했는지에 따라 달라질 수 있으나) 남성 환자의 수는 여성 환자의 불과 30% 정도밖에 되지 않습니다.[42] 물론 여기에도 성 호르몬이 관련되어 있습니다.

우리 몸에서는 계속해서 새로운 물질을 받아들이고 오래된 부품을 갈아 끼우는 과정이 이루어집니다. 테세우스의 배처럼 계속 새로운 물질을 들여오고 갈아 끼우는 과정을 신진 대사라고 부릅니다. 뼈도 마찬가지입니다.

오래된 뼈를 새로운 부품으로 갈아 끼우기 위해서는 우선 '뼈를 먹어야' 합니다.

뼈에는 뼈를 먹는 '파골세포'와 뼈를 만드는 '골아세포 (조골세포)'가 있습니다. 뼈를 새로운 부품으로 갈아 끼우기 위해서 우선 파골세포가 부분적으로 오래된 뼈를 먹고, 그 부분에서 골아세포가 새로운 뼈를 만들어 메꿉니다. 이렇게 조금씩 먹고 메꾸는 과정을 반복하면서 뼈는 점점 새로운 부품으로 교체됩니다.

파골세포와 골아세포는 철저히 조절됩니다. 따라서 파골세포가 지나치게 뼈를 먹어서 뼈가 작아지거나 골아세포가 너무 열심히 뼈를 만들어서 뼈가 비정상적으로 커지는 일은 보통 일어나지 않습니다. 파골세포와 골아세포에 의한 작용은 뼈를 유지하는 데 상당히 중요합니다. 그리고 이 두 세포는 남성 호르몬과 여성 호르몬에 의해 조절됩니다.

이때 여성의 난소에서 다량으로 만들어지는 여성 호르몬은 파골세포가 뼈를 너무 깎아 먹는 것을 억제합니다. 하지만 폐경이 오고 여성 호르몬 분비량이 급감하면 파골세포를 억제하는 능력 역시 떨어집니다. 이것이 폐경 후 여성에게 골다공증이 빈번하게 발생하는 이유입니다.

한편 남성 호르몬은 '조금씩 먹고 메꾸는' 과정을 제어하면서 골밀도를 일정하게 유지하는 작용을 합니다. 나이가 들면서 점점 남성 호르몬이 감소하면 먹고 메꾸는 과정의 균형이 깨지면서 결과적으로 골밀도 저하를 불러올 수 있습니다.[43] 남성 호르몬은 이런 방식으로 뼈에 작용하기도 합니다. 사실 우리 몸속에서는 남성 호르몬을 여성 호르몬으로 전환하는 작용이 이뤄지기도 합니다. 물론 이런 식으로 만들어지는 여성 호르몬은 굉장히 소량이지만 이 작용 역시 굉장히 중요합니다. 골아세포에서 남성 호르몬을 여성 호르몬으로 전환하는 과정이 골밀도를 유지하는 데 큰 공헌을 하기 때문입니다.[44]

물론 작용하는 과정은 다르지만 남성 호르몬도 여성 호르몬도 골밀도 유지에 중요한 역할을 수행합니다. 그리고 남녀 불문하고 나이가 들면서 성 호르몬의 양 역시 감소합니다. 하지만 남성 호르몬 분비량은 서서히 감소하는 데 비해 여성 호르몬은 폐경과 함께 급격히 감소합니다. 따라서 여성에게서는 노화에 따른 급격한 골밀도 저하가 일어나는 것입니다. 이 때문에 골다공증은 장년 여성에게서 일어나는 질병이라는 인식이 생긴 것입니다.

골밀도의 변화를 성 스펙트럼 관점에서 한 마디 덧붙여 보겠습니다. 성인 남녀의 '뼈의 성'은 스펙트럼 양 끝쪽에 가까이 위치하다가 나이를 먹으면서 차츰 중앙 쪽으로 향합니다. 이때 남자의 경우 그 이동 속도가 비교적 느리지만 여자의 경우 폐경 이후 급속한 성 호르몬 분비량 감소로 인해 급속도로 중앙을 향해 이동합니다.

Y 염색체가 점점 사라진다고?

스웨덴의 한 연구팀이 2014년 발표한 논문을 처음 읽었을 때 성 연구자로서 상당히 충격을 받았습니다. 골다공증이 장년 여성에게 미치는 시련 같은 것을 아득히 능가하는 시련이 남성에게 닥치고 있다는 사실을 보고했기 때문입니다. 4장은 이 이야기를 하며 마치고자 합니다.

이 논문에서는 천 명이 넘는 스웨덴인의 혈액을 채취했습니다. 그리고 그중 어느 정도 빈도로 성 염색체 이상이 발견되는지를 조사했습니다. 그 결과 나이가 들수록 남성의 세포에서 Y 염색체가 점점 사라져 가며 Y 염색체를 갖지 않은 세포의 빈도가 높아질수록 암과 같은 심각한 질병에 걸릴 확률이 높아진다고 주장했습니다.[44]

이 논문에서는 어째서 Y 염색체가 점점 사라지는지 어째서 Y 염색체가 사라지면 질병으로 이어질 확률이 높은지에 대해서까지는 설명하지 않았습니다. 다만 남성을 남성으로서 유지해 주는 Y 염색체가 없어지면 남성은 수명이 다해간다고 하는, 어느 정도 설득력 있는 발견이었기 때문에 저도 사실로 받아들이고 넘어갔습니다. 하지만 2019년에 일본을 중심으로 한 연구팀에서 많은 일본인 데이터를 분석해 본 결과 나이가 들수록 Y 염색체가 점점 사라져 가는 것은 맞으나 Y 염색체가 사라진 세포의 비율과 암 발병률 사이에 유의미한 상관관계는 없다는 결론이 났습니다.[45]

따라서 노화와 함께 Y 염색체가 사라져 간다는 사실은 명확하지만 그 현상이 남성에게 어떠한 시련을 주느냐 하는 문제는 확실하게 결론이 나지 않은 상황입니다. 다만 남성을 남성으로서 유지해 주는 Y 염색체가 없어지면 남성으로서의 특징에 어떠한 영향이 있다고 해도 그리 이상하지는 않을 것 같습니다.

지금까지 노화와 함께 우리 몸에서 이루어지는 변화를 성 호르몬의 감소로 인한 탈수컷화, 탈암컷화의 과정으로 이해해 보았습니다. 이를 통해 노화와 함께 성 스펙트럼상 위치가 점점 중앙 쪽으로 이동한다고 설명을 했습니다. 또한 분명히 이견의 여지가 있으리라 생각하지만 성 스펙트럼상 위치를 이동시키는 요소로는 성 호르몬뿐 아니라 성 염색체의 소실 역시 영향을 미칠 가능성이 있다는 점을 다시 한번 강조합니다.

5장

모든 세포는 저마다 고유한 성을 지닌다

간세포에도 골격근에도 뇌에도 성별이 존재한다!

3장과 4장에서는 성 스펙트럼상에서의 위치가 어떻게 결정되고 조절되는지 성 결정 유전자와 성 호르몬에 초점을 맞추어 설명했습니다. 성 결정 유전자의 유무로 정소나 난소를 가진 개체가 만들어지며 이후 정소와 난소에서 생산된 남성 호르몬과 여성 호르몬이 몸 전체의 성적 특성을 만든다는 것이었습니다. 따라서 이미 눈치챘겠지만 우리 몸을 구성하는 다양한 장기와 기관 역시 성별을 갖고 있습니다. 간세포도, 골격근도, 뇌도, 거의 모든 장기나 기관이 남성과 여성에서 서로 다른 특성을 보여 줍니다.

그렇다면 이러한 기관들의 성은 어떻게 정해지는 걸까

요? 그리고 이런 성이 스펙트럼상 차지하는 위치는 어떻게 조절되는 걸까요? 이번 장에서는 바로 우리 몸의 세포들이 각자 성별을 갖고 있다는 이야기를 하겠습니다.

"세포가 성별을 갖고 있다"라는 말이 쉽게 와닿지 않으리라 생각합니다. 하지만 분명히 이 문장에 대한 답은 그렇다입니다. 예를 들어 남성과 여성의 골격근세포를 비교해 보면 언뜻 동일해 보이면서도 분명히 차이가 있습니다. 마찬가지로 간세포를 보더라도 남녀 사이 차이가 존재합니다. 모든 종류의 세포를 비교한 것은 아니지만 우리 몸을 구성하는 세포들은 남성과 여성에서 다른 점을 보입니다. 이러한 점에서 세포가 '성별'을 갖고 있다고 비유할 수 있습니다. 세포 자신도 성을 갖고 있으므로 세포가 모여서 만들어지는 기관과 조직에도 성차가 나타나며 최종적으로 개체의 성차가 만들어지는 것입니다.

그렇다면 세포가 대체 어떻게 성별을 갖는다는 건지, 세포가 어떻게 성차를 만든다는 것인지, 세포 속으로 직접 들어가 살펴보겠습니다.

눈에 보이는 지표들은 그렇게까지 중요하지 않다

이 책의 1장에서는 남녀의 신체적 특징에 기반하여 각 개체가 성 스펙트럼상에서 넓게 분포할 수 있다고 말했습니다. 많은 분이 그림 4를 보면서 신체적 특징을 통해 남녀를 스펙트럼상에 놓을 수 있다는 주장을 납득했다고 믿겠습니다.

하지만 실제로는 단순히 눈에 보이는 외형만을 갖고 "이 개체는 남성(수컷) 85%"라든지 "여성(암컷) 90%"라고 단언할 수 없습니다. 애초에 무슨 근거로 85%나 90%라는 수치를 낸 건지, 어떠한 기준으로 무엇을 측정하여 어떻게 수치화한 건지 확실하게 이야기할 수 없습니다. 저는 95%라고 여긴 개체를 다른 연구자는 78% 정도라고 판단할 수도 있습니다. 신체적 특징을 단순히 눈으로만 판단하는 것은 객관적인 기준이라 할 수 없기 때문에 이러한 문제가 발생하는 것입니다.

지금까지 그렇다고 해 왔으면서 갑자기 여기서 "겉보습으로만 판단하면 안 된다"라고 부정하다니 혼란스러울 것입니다. 하지만 여기서부터는 더 과학적인 언어로 성 스펙트럼상 위치를 논하기 위해 겉모습으로만 판단하면 안 된다고 엄밀하게 부정하도록 하겠습니다. 그렇다면 과연 어떻게, 어떤 기준으로 성 스펙트럼상 위치를 정하는 게 적절할까요? 정확하게 측정 가능한 특징이 있다면 애매한 논의를 피하고 과학적이며 정확한 논의가 가능해집니다. 따라서 지금부터는 오해를 살 표현을 줄이고 엄밀한 기준으로 말하겠습니다.

생물의 몸 색깔은 어떻게 정해지는 걸까?

지금까지 겉으로만 보고 확인했던 개체 수준의 성차들이 실제로는 세포 하나하나에서 유래한다는 사실을 예를 들어 설명하겠습니다. 1장에서 잠자리 암수의 몸 색깔이 다르다고 말했습니다. 잠자리 말고도 암수의 색이 다르거나 외형이 다른 종은 자연계에 넘쳐납니다. 그렇다면 과연 이러한 성차는 어떻게 만들어지는 걸까요? 생물의 몸 색깔은 바로 세포가 만드는 '색소'에서 나옵니다. 포유류의 몸에서는 색소세포가 멜라닌이라는 색소를 만들어 냅니다. 색소세포가 만든 색소를 피부세포가 받아들이면 피부색이 어두워지고, 모모毛母세포, 즉 머리카락을 만드는 세포가 받아들이면 머리카락 색이 어두워지는 식입니다. 색소세포가 만든 색소가 이를 이용하는 다른 세포로 전달되면서 색을 발하게 되는 것입니다. 자연계에는 이런 방법 이외에도 체내에서 합성된 색소와 먹이에 포함되어 있던 색소가 함께 포함된 '색소포'라는 세포 덕분에 색을 띠는 경우도 있습니다.

이 두 가지와 더불어 색소를 만들지 않고도 색을 발하는 생물도 있습니다. 피부 표층에 빛을 반사하는 미세한 구조로 색을 띠는 경우입니다. 비단벌레의 화려한 색이나 선명하게 빛나는 듯한 모포나비의 푸른 빛, 반짝거리는 어류의 색, 여러 조류의 깃털 색처럼 수많은 동물에게서 나타나는 발색법입니다. 이를 구조 색이라고도 부릅니다.

그렇다면 고추잠자리는 어떤 방식으로 색을 발하는 걸까요? 1장에서 살펴봤듯 수컷 고추잠자리는 선명한 붉은 빛, 암컷 고추잠자리는 노란색이 섞인 듯한 주황색을 띱니다. 고추잠자리 수컷의 붉은색은 바로 체내에서 합성되는 색소에서 나옵니다. 하지만 이 붉은 색소를 합성하는 것은 수컷뿐만이 아닙니다. 암컷 역시 이 색소를 합성합니다.

하지만 임깃과 수컷에서 이 색소의 색을 바꾸는 기작이 서로 다르기 때문에 암수 간 성차가 발생합니다. 이 색소는 산화되면 노란색을 띱니다. 하지만 산화의 역반응, 즉 환원 반응이 이뤄지면 다시 붉은 빛을 띱니다. 암컷 잠자리에게 환원제인 아스코르브산(비타민 C)을 주입했더니 예상대로 수컷처럼 선명한 붉은색으로 변했습니다.

즉 수컷의 몸에서는 이 색소가 환원되어 붉은색을 띠며, 암컷의 몸에서는 이 색소가 환원될 수 없어 산화된 상태로 존재하기 때문에 노란색이 섞인 듯한 색을 띱니다.

송사리 뇌에 존재하는 '요상한' 세포

또 한 가지, 송사리 사례를 설명하겠습니다. 송사리는 다른 어류와 마찬가지로 체외 수정을 합니다. 이때 송사리 수컷은 암컷의 난자 배출을 촉진하는 듯한 행동(구애 행동)을 하며 암컷은 수컷의 구애를 받아들이는 대답을 합니다. 이러한 행동을 통해 암컷과 수컷이 함께 난자와 정자의 배출을 하고 체외 수정이 이뤄질 수 있습니다. 이와 같이 암컷과 수컷의 번식 행동은 서로 연대되면서도 분명한 성차를 보인다는 사실을 알 수 있습니다.

일반적으로 생물의 행동은 뇌와 신경에 의해 조절됩니다. 하지만 암컷과 수컷 사이에 나타나는 서로 다른 번식 행동이 어떠한 메커니즘으로 발생하는지는 아직까지 명확히 밝혀지지는 않았습니다.

이 문제를 탐구하기 위해 오쿠보 가타아키 연구팀은 송사리의 뇌를 정밀하게 분석했습니다. 그 결과 송사리의 뇌에 존재하는 아주 기묘한 신경세포를 발견할 수 있

었습니다. 이 신경세포는 번식 행동을 담당하는 뇌 영역
에 존재했습니다. 이 세포는 수컷보다 암컷에서 훨씬 거
대화되어 있었습니다. 또한 이 신경세포는 여성 호르몬
이 존재할 때에만 거대화되며 여성 호르몬이 없을 경우
에는 이러한 변화가 일어나지 않았습니다. 나아가 이 신
경세포가 존재하는 개체에서만 암컷 특유의 성 행동이
관찰된다는 점도 함께 밝혀졌습니다.[46]

이 신경세포가 어떻게 암컷의 번식 행동을 유발하는
지까지는 명확히 밝혀지진 않았습니다. 다만 수컷에서는
작지만 암컷에서는 거대한 신경세포가 기능적으로 분명
히 다른 성질을 갖고 있다는 것은 알려져 있습니다. 즉 신
경세포의 기능적인 차이가 암수의 번식 행동의 성차를
유발한다는 뜻입니다.

골격근세포의 성

이번에는 다른 생물 종 말고 우리 인간의 몸에서 세포
성차의 예시를 찾아보겠습니다. 우리 인간의 골격근은
분명히 성차를 보입니다. 남성의 골격근은 평균적으로
여성의 골격근보다 크고, 강한 힘을 낼 수 있습니다. 물
론 근육 역시 세포로 구성되어 있습니다. 하지만 골격근

의 세포는 다른 기관과는 조금 다릅니다. 수백 개의 세포가 융합하여 '근섬유'라는 세포를 형성하고 있는 것입니다. 근섬유는 굉장히 길고 거대한 세포입니다. 하지만 수많은 세포가 융합한 세포이기 때문에 하나의 세포에 수백 개의 세포핵이 들어 있습니다.

골격근이 성차를 보이는 이유 역시 이 근섬유세포가 남녀에서 서로 다른 특성을 보이기 때문입니다. 실제로 남성의 근섬유가 여성의 근섬유보다 크다는 것이 잘 알려져 있습니다. 그리고 최근에는 이러한 형태적인 성차에 이어 에너지 생산적인 측면에서도 성차가 존재한다는 사실이 밝혀졌습니다.[47]

우리는 골격근을 수축/이완하면서 걷거나 달리거나 할 수 있습니다. 골격근은 ATP(아데노신삼인산)이라는 물질에서 에너지를 얻어 수축과 이완을 합니다. 따라서 골격근은 영양소를 분해하면서 다량의 ATP를 합성해야 합니다. 이때 남성의 근육세포는 당을, 여성의 근육세포는 지방을 분해하며 ATP를 합성하는 과정을 더 선호합니다. 이러한 세포 레벨의 성차가 결국 골격근의 거시적인 성차를 만든다는 것을 알 수 있습니다.

유전자 발현이라는, 눈에 보이지 않는 지표

골격근의 성차에 대해 또 한 가지 질문을 던져 보겠습니다. 남녀의 골격근은 에너지원인 ATP를 생산하기 위해 선호하는 과정이 달랐습니다. 남성의 골격근은 당 분해를 더 선호하며 여성의 골격근은 지방 분해를 더 선호합니다. 그렇다면 이런 기능상 성차는 어떻게 만들어지는 걸까요? 다양한 이유가 있겠지만 여기서는 유전자의 발현에 주목하여 설명하겠습니다.

우리 몸속 세포에는 수천 개의 단백질이 존재합니다. 남성 호르몬과 여성 호르몬은 콜레스테롤이 몇 단계의 반응을 거치며 합성되는데 이러한 반응을 일으키는 것도 단백질로 만들어진 효소입니다. 합성된 성 호르몬이 기능을 수행하기 위해서는 수용체와 결합해야 합니다. 이 수용체 역시 단백질로 이루어져 있습니다. 물론 골격근이 이완되고 수축할 때에도 단백질이 필요합니다.

단백질은 세포 내에서 숭요한 기능을 담당하고 있습니다. 단백질은 20종류의 아미노산이 이어 붙어 이루어집니다. 단백질마다 아미노산이 붙는 서열 순서는 모두 다릅니다. 그리고 이 아미노산이 어떤 순서로 붙는지, 즉 단백질을 만드는 설계 정보가 담겨 있는 것이 바로 유전자입니다.

유전자가 담고 있는 아미노산 서열 정보를 통해 우선 mRNA(전령 RNA)를 만들어 냅니다. (이 과정이 바로 '전사 인자'에 의해 조절되는 '전사' 과정입니다.) mRNA로 복사된 정보를 통해 아미노산을 순서대로 이어 붙여 단백질이 합성됩니다. 다시 말해 각각의 유전자가 지정하는 정보가 mRNA로 복사되고 그 정보를 기반으로 아미노산을 순서대로 이어 붙여 각각의 단백질을 만듭니다. 이 과정을 바로 '유전자 발현'이라 부릅니다. 이렇게 합성된 단백질은 세포 내외에서 각각의 기능을 수행합니다.

mRNA는 사람 DNA에 있는 2만 5000개의 유전자에서 전사됩니다. 하지만 각 유전자에서 만들어지는 mRNA의 수가 전부 동일하지는 않습니다. 하나의 세포에서 어떤 유전자는 mRNA를 조금 만들지만 다른 유전자는 훨씬 많은 mRNA를 활발히 만들기도 합니다. 만들어지는 단백질의 양 역시 전사된 mRNA의 수에 따라 달라집니다.

세포마다 다양한 유전자 발현량

또한 유전자가 얼마나 활발하게 발현되는가는 세포마다 각양각색입니다. 예를 들어 간세포에서는 단백질을 분해하면서 생긴 암모니아를 요소로 합성해야 합니다. 하지만 다른 세포에서는 이러한 기능을 수행하지 않습니다. 따라서 요소를 합성하는 데 필요한 효소 유전자는 간세포에서만 발현됩니다. 마찬가지로 호르몬을 만드는 유전자도 각 호르몬을 만드는 세포로부터만 활발히 발현됩니다. 이렇게 세포마다 발현되는 유전자가 다르기 때문에 각각의 세포가 각자 특수한 기능을 수행할 수 있는 것입니다.

유전자의 발현 정도, 즉 각 유전자에서 만들어지는 mRNA의 양은 세포마다 다릅니다. 따라서 각 세포에서 만들어지는 mRNA의 양을 비교하면 특정 유전자가 각 세포에서 얼마나 활발히 발현되고 있는지 비교할 수 있습니다. 실제로 지금까지 개발된 여러 실험을 통해 각 유전자의 발현 정도를 수치화할 수 있습니다. 그리고 이러한 실험 기법을 이용하면 남녀의 서로 다른 유전자 발현 패턴 역시 비교할 수 있습니다. 예를 들어 어떤 유전자 A의 발현 정도가 남성의 신경세포에서는 105 정도였지만 여성의 신경세포에서는 545 정도나 된다는 식으로 유전자 발현 정도를 정확한 수치로 비교할 수 있는 것입니다. 이러한 수치를 기반으로 하면 "신경세포에서의 유전자 A의 발현 정도는 여자가 남자보다 5.2배 더 크다"라는 식으로 성차를 수치로 나타낼 수 있습니다. 이를 반복하면 남녀의 모든 세포에서 모든 유전자의 발현 정도를 비교할 수 있을 것입니다.

'눈에 보이지 않는 지표'를 통해 알 수 있는 사실

모든 유전자의 발현 정도를 비교하는 것은 2010년에만 해도 각 유전자를 하나하나 전부 조사해야 했을 것이므로 사실상 불가능한 작업이었습니다. 아무도 하려 하지 않았습니다. 하지만 그로부터 약 10년 정도 지난 지금은 단 한 번의 실험만으로도 모든 유전자의 발현량을 알 수 있게 되었습니다. 유전자 전체의 발현 정도를 전체적으로 통합해서 다룰 수 있게 된 것입니다. 즉 남성의 유전자 발현을 전체적으로 하나의 패턴으로, 여성의 유전자 발현을 전체적으로 하나의 패턴으로 이해할 수 있습니다. 다시 말하자면 '표준적인 남성(수컷) 100% 상태'와 '표준적인 여성(암컷) 100% 상태'의 유전자 발현 패턴을 지정할 수 있습니다. 그리고 실험 대상의 유전자 발현 정도를 이 '표준적인 100% 상태'와 비교하면 실험 대상의 성 스펙트럼상 위치도 알 수 있습니다.

예를 들어 태어난 직후의 갓난아이, 사춘기 청소년, 중장년 등 각 성장 시기에서의 유전자 전체의 발현 패턴 데이터를 취득할 수 있습니다. 그리고 각각의 데이터를 '표준적인 100%' 상태와 비교하면 갓난아기 때에는 거의 0%에 가까웠으나, 사춘기를 겪으며 성적으로 성숙해지면 거의 100%에 가까워진다는 것을 확인할 수 있는 것입니다. 또한 노화에 의한 유전자 발현 패턴 변화, 폐경 이후의 발현 패턴 변화 등을 조사할 수 있다면 성 스펙트럼상 위치 변화를 의논해 볼 수도 있을 것입니다.

한편 전체 유전자 발현을 하나의 패턴으로 비교하면 각각의 유전자가 성차에 얼마나 기여하는지까지는 알 수 없습니다.

이를 명확히 하기 위해서는 성차를 나타낼 것으로 예상되는 유전자를 개별적으로 뜯어 볼 필요가 있습니다. 이 유전자는 수컷에서의 발현량이 암컷의 2배 이상이다, 혹은 이 유전자는 암컷에서 훨씬 더 많이 발현된다, 이런 식으로 남녀 사이 발현량에서 뚜렷한 성차를 보이는 유전자를 골라내서 이 유전자들이 각각 어떤 기능을 담당하고 있는지를 조사해 보면 세포의 성차에 어떻게 기여하고 있는지를 알 수 있습니다.

남녀의 서로 다른 유전자 발현을 통해 무엇을 알 수 있을까?

지금부터는 최근 제 연구실에서 얻어낸 구체적인 결과를 설명하겠습니다. 실험에는 인간 세포가 아니라 쥐 세포를 이용했습니다. 이 실험에서는 암수 쥐의 골격근, 즉 근섬유세포에서 발현되는 유전자를 비교했습니다. 물론 근섬유도 사실 종류가 다양하며 각각 성질이 다르기 때문에 특정 종류의 근섬유만 골라 연구했습니다. 그 결과 수컷보다 암컷에서 2배 이상 발현되는 유전자를 68개, 반대로 암컷보다 수컷에서 2배 이상 발현되는 유전자를 60개 찾아낼 수 있었습니다. 수만 개의 유전자 중 발현 성차가 두 배 이상 나는 유전자는 고작 68개, 60개밖에 없었던 것입니다. 저 역시 실험 전에는 이보다 훨씬 많을 거라 생각하고 있었기에 결과를 보고 살짝 김이 새긴 했습니다. 다만 합쳐서 128개 정도 되는 유전자가 각각 다른 기능을 수행하고 있는 만큼 암수의 근섬유세포는 128종류의 성차를 갖고 있을 수 있습니다.

그다음 암수에서 2배 이상의 성차를 냈던 유전자 중 골격근의 성차를 내는 데 가장 중요해 보이는 유전자를 찾아내 보았습니다. 만약 후보 유전자가 1000개나 2000개 정도 되었다면 이 작업이 불가능했을 것입니다. 그런 점에서는 큰 발현 성차를 내는 유전자가 적었던 것이 오히려 다행이라 할 수 있겠습니다.

실험 결과 앞서 설명했듯 수컷에서는 당 분해를 촉진하는 데 필요한 유전자가 암컷보다 더 많이 발현이 되고 있었습니다. 암컷에서는 반대로 지방산 분해를 촉진하는 데 필요한 유전자가 수컷보다 활발하게 발현되고 있었습니다.

세포 내에서는 ATP라는 물질에 에너지를 우선 담아 두었다가 에너지가 필요할 때에 ATP를 분해해서 에너지를 얻습니다. 예를 들어 골격근에서는 ATP가 분해되면서 얻어지는 에너지로 근육 수축이 이뤄질 수 있습니다. 따라서 우리가 움직이기 위해서 골격근은 많은 ATP를 만들 수 있어야 합니다. (물론 골격뿐 아니라 우리 몸의 모든 세포가 활동을 유지하기 위해 ATP를 만들어야 하긴 합니다.) ATP는 포도당이나 지방산을 분해하면서 얻어지는 에너지를 이용하여 합성합니다. 바로 이 과정에서 수컷 쥐와 암컷 쥐의 근섬유세포가 차이를 보였던 것입니다. 바로 유전자 발현 정도에서부터 말이죠.

실제로 수컷 쥐와 암컷 쥐의 근섬유세포에서의 당과 지방산 분해 정도를 측정해 보았습니다. 기대했던 대로 수컷 쥐의 근섬유세포에서는 당을 분해하는 과정이, 암컷 쥐의 근섬유세포에서는 지방산을 분해하는 과정이 더 활발히 이뤄지고 있었습니다. 다시 말해 남녀, 암수 사이 유전자 발현량 차이가 곧 세포 기능의 성차를 유도하며 최종적으로 기관 레벨의 거시적인 성차로 이어진다는 것입니다.

지금까지 많은 연구가 다양한 세포나 기관에서의 유전자 발현량의 성차를 발견하는 데 성공했습니다. 이런 연구들을 통해 알아낸 유전자 발현량은 정확한 수치로 나타낼 수 있습니다. 따라서 이를 이용하면 정확하고 과학적인 지표를 통해 성 스펙트럼상 위치를 표현할 수 있게 된다는 이야기를 하고 싶었습니다.

세포의 성을 어떻게 하나로 통합할 수 있는가

지금까지 살펴본 바와 같이 우리 몸을 이루는 세포도 각각 고유한 성별을 지니고 있습니다. 하지만 세포마다 띠는 성별과 성질이 전부 천차만별이라면 이들이 모여 형성하는 조직이나 기관은 불안정해질 수밖에 없습니다. 예를 들어 간을 구성하는 세포 중 한 세포는 수컷 80%, 그 옆 세포는 수컷 50%, 그 옆 세포는 암컷 15%와 같은 식으로 인접한 세포가 제각기 다른 성 스펙트럼상에 위치한다면 기능적으로 조화를 이루기 어려울 것입니다.

하지만 안심해도 됩니다. 실제로 그런 현상은 일어나지 않습니다. 세포 간 다소의 미세한 차이는 존재할 수 있으나 수컷 80%인 세포와 암컷 15%인 세포가 동시에 하나의 기관을 이루는 일은 일어나지 않습니다. 그런 사태를 방지하기 위해 멀리 떨어진 세포 간에도 비슷한 성을 보유하고 유지할 수 있도록 해 주는 시스템이 있기 때문입니다.

그 조절 메커니즘에는 크게 두 가지가 있습니다. 첫 번째 기작이 바로 온몸의 세포에 동등한 신호를 보낼 수 있는 '호르몬에 의한 내분비 조절'입니다. 또 하나의 기작은 모든 세포가 동등하게 갖고 있는 유전자에 의한 '유전적 조절' 시스템입니다.

내분비 조절에 의한 세포의 성 조절 메커니즘

우선 첫 번째 기작인 호르몬에 의한 내분비 조절 기작을 설명하겠습니다. 지금까지 몇 번이고 말했듯 남성 호르몬은 정소, 여성 호르몬은 난소에서 생성됩니다. 성 호르몬은 혈류를 타고 온몸의 세포로 골고루 운반되어 제 역할을 수행합니다. 간세포는 물론, 뇌세포나 소장세포에 이르기까지 몸 구석구석의 모든 세포가 성 호르몬의 영향을 받는다는 말입니다. 그 결과 우리 몸을 구성하는 세포의 성은 전반적으로 균일하게 유지될 수 있습니다. 예를 들어 간을 이루는 세포 중, 어떤 세포는 남성 86%, 저 구석에는 남성 88%, 다른 구석에는 남성 87% 하는 식의 미세한 편차는 있을 수 있지만 결과적으로 '남성 87%' 정도의 성향을 갖는, 각 세포 간 조화를 이룬 구성이 만들어지는 것입니다. 이러한 경향은 특정 기관 내 세포에 국한 되지 않고 몸 전체의 세포에도 마찬가지로 적용됩니다. 결국 온몸의 세포가 서로 비슷한 성질을 갖고 협력하며 전체적으로 조화로운 생리적 구성을 이룰 수 있게 되는 것입니다. 다시 말해 정소와 난소에서 만들어지는 성 호르몬이 신체 구석구석으로 전달됨으로써 세포 간에 성의 조화가 이뤄지고 이로 인해 조직과 기관, 나아가 개체 전체의 성적 균형이 자연스럽게 형성될 수 있는 것입니다.

유전적 조절에 의한 세포의 성 조절 메커니즘

또 한 가지 조절 기작인 유전적 조절 역시 내분비 조절과 마찬가지로 온몸의 세포의 성 수준을 일정하게 유지해 주는 시스템입니다. 우리 몸을 구성하는 모든 세포는 모두 동일한 유전자 세트를 갖고 있습니다. 간도, 신경도, 근육도, 뼈도, 몸을 구축하는 모든 부품이 유전자 정보를 통해 만들어집니다.

모든 세포가 동일한 정보를 가진 유전자 세트를 갖고 있지만 이 동일한 정보에서 서로 다른 세포가 만들어질 수 있습니다. 조금 이상하지 않습니까? 유전자가 전부 동일하고, 정보가 전부 동일하면, 동일한 성질을 갖고 동일한 기능을 가진 동일한 세포가 만들어져야 할 것 같은데 말이죠. 이것은 바로 세포마다 유전자 발현 정도가 다르기 때문입니다. 간세포와 신경세포 사이에 발현되는 유전자가 다르기 때문에 서로 다른 형태와 기능을 가진 세포로 분화될 수 있는 것입니다. 간세포 특유의 기능에 필요한 유전자는 간세포에서만 발현하고 신경세포에서는 발현하지 않습니다. 반대로 신경세포에서만 특징적인 기능을 수행하는 유전자는 신경세포에서만 발현하며 간세포에서는 발현하지 않습니다. 이런 식으로 각각의 세포가 서로 다른 유전자를 발현하면서 우리 몸은 약 200~300종류나 되는 세포를 만들 수 있는 것입니다.

그렇다면 과연 어떻게 유전자 발현이 서로 다르게 조절될 수 있는 걸까요? 3장에서 유전자 구조를 설명할 때 DNA가 히스톤이라는 단백질을 휘감으면서 뉴클레오솜이라는 구조를 만든다는 것을 배웠습니다(그림 10). 그리고 이 뉴클레오솜이 서로 질서정연하게 모이고 응축되면서 세포핵이라는 작은 공간 안에 DNA가 응축된 형태로 안전하게 보관될 수 있다는 것도 배웠습니다. 하지만 이 구조가 DNA 전체, 그리고 약 2만 5000개나 되는 유전자에서 전부 동일하게 나타나는 것은 아닙니다. 어떤 영역에서는 비교적 느슨하게 풀려 있으며 어떤 영역에서는 아주 강하게 응축된 구조를 보입니다(그림 13). 기본적으

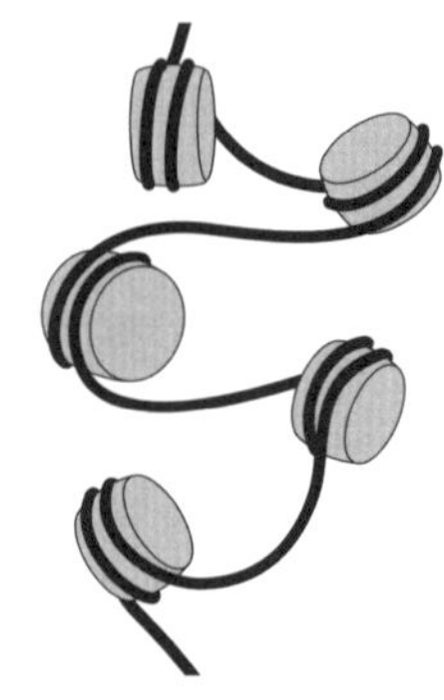

그림 13. 응축된 뉴클레오솜과 느슨해진 뉴클레오솜.

로 느슨한 부분에서는 유전자가 활발하게 발현하거나 혹은 자극이 들어오면 곧바로 발현을 시작할 준비가 되어 있는 상태입니다. 하지만 단단히 응축된 영역에 있는 유전자는 발현이 잘 이루어지지 않습니다.

예를 들어 간세포에서만 활발하게 발현하며 신경세포에서는 발현하지 않는 유전자를 상상해 봅시다. 간세포에서는 이 유전자 영역이 비교적 느슨하게 풀린 구조를 띠고 있을 겁니다. 반면 신경세포에서는 이 영역이 아주 견고하게 응축되어 있는 상태입니다. 간세포에서도 신경세포에서도 활발히 발현하는 유전자는 두 세포 모두에서 뉴클레오솜 구조가 더 느슨하게 풀려 이어져 있는 상태일 겁니다. 응축 정도는 세포마다 다릅니다. 그리고 이 차이가 세포마다 서로 다른 유전자 발현 차이를 만드는 원동력이 됩니다.

두 가지 조절 기작은 굉장히 밀접한 관계가 있다

세포의 성을 제어하는 내분비 조절과 유전적 조절 기작이 각자 따로따로 멋대로 성을 조절한다면 세포의 성은 굉장히 불안정하게 조절될 것입니다. 하지만 이 두 기작은 실제로 밀접한 관계가 있습니다. 이 두 기작이 서로 연대를 하면서 성을 조절하고 있다는 이야기입니다.

여기서 한 가지 떠올려야 할 점이 있습니다. 바로 성 호르몬 수용체가 전사 인자로 기능한다는 사실입니다. 전사 인자는 DNA에 있는 유전자의 정보로 mRNA를 만드는 전사 과정을 조절합니다. 여성 호르몬 수용체를 예로 들어 보겠습니다. 여성 호르몬 수용체는 다양한 세포에 존재합니다. 하지만 여성 호르몬 수용체는 여성 호르몬이 없으면 전사 인자로서의 기능을 수행할 수 없습니다. 하지만 난소에서 만들어진 여성 호르몬이 세포로 운반되어 결합하면 전사 인자로서의 기능이 활성화됩니다. 이를 통해 여성 호르몬 수용체가 조절하는 유전자들에서 mRNA를 활발하게 만들 수 있습니다. 물론 남성 호르몬 수용체 역시 마찬가지의 메커니즘으로 유전자 발현을 조절합니다. 이러한 방식으로 성 호르몬에 의한 내분비 조절이 이루어질 수 있습니다.

한편 뉴클레오솜 구조의 응축 정도 역시 유전자 발현 조절에 중요합니다. 활발히 발현되는 유전자 영역은 느슨하게 풀리고 발현될 필요 없는 유전자 영역은 강하게 응축된 구조를 갖습니다. 다시 말해 성 호르몬에 의해 발현이 활성화되는 유전자는 느슨한 상태로 유전자 발현을 위한 준비를 하고 있을 것입니다. 이때 여성과 남성 사이 DNA 응축 양상에서 성차가 나타납니다. 결국 DNA 응축 양상의 성차는 유전자 발현의 성차로 이어지며 여성 호르몬 수용체와 남성 호르몬 수용체에 의한 유전자 발현에서도 성차가 구축되는 것입니다.

이러한 방식으로 호르몬을 통한 내분비 조절, DNA 응축 정도와 발현 조절이라는 유전적 조절, 이 두 가지 성 조절 기작은 서로 상호 작용하며 밀접한 연대를 이루면서 세포의 성을 조절하는 것입니다.

6장
뇌의 성이라는
마지막 수수께끼

'뇌'의 성 스펙트럼이란?

드디어 이 책의 마지막 장에 들어섰습니다. 난해한 부분이 많았겠지만 성 스펙트럼이라는 생물의 성을 이해하는 새로운 시선에 대해 조금이라도 이해가 깊어졌다면 기쁘게 생각합니다. 지금까지는 생물의 성이 결정되는 메커니즘이나 다양한 생물 종에서 나타나는 성의 다양성을 소개하면서 성 스펙트럼이라는 개념과 그러한 사고방식에 도달하게 된 경위를 말했습니다. 우리 몸이 전체적으로 하나의 성을 갖는 이유는 신체를 구축하는 대부분의 세포가 독자적인 성을 갖고 있으면서도 온몸을 순환하는 호르몬과 세포 내 유전자의 제재 덕분에 모든 세포에서 일정한 방향으로 통일된 조절이 이뤄지기 때문이었습니다.

그렇다면 '뇌의 성'은 어떨까요? 뇌 역시 신체의 일부분이며 마찬가지로 세포로 이루어져 있습니다. 그렇다면 뇌의 성 역시 지금까지 살펴본 다른 세포들과 동일한 방식으로 이해해도 될까요? 이번 장에서는 뇌의 성에 대해 지금까지 알려진 사실들을 설명하겠습니다.

한 가지, 미리 양해를 구하고 싶은 부분이 있습니다. 저는 지금까지 뇌 자체를 연구히 적은 없습니다. 따라서 전문가 수준으로 정확하고 자세한 설명하기는 어렵습니다. 하지만 성 스펙트럼을 논할 때 뇌를 빼놓을 수는 없기에 맨 마지막 장에서 논의하게 되었습니다. 뇌 전문가에게서 비판이 있을 수도 있겠으나 뇌의 성 스펙트럼에 대해 논의할 수 있는 하나의 계기가 됐으면 하고 바랍니다.

수컷 쥐는 노래로 암컷을 유혹한다

번식기의 수컷 공작이 암컷 앞에서 한껏 뽐내듯 커다랗고 화려한 허리 깃을 활짝 펼쳐 흔드는 모습을 한 번쯤 본 적이 있을 것입니다. 이 행동은 짝짓기 상대인 암컷을 얻기 위한 구애 행동입니다.[48] 암컷 앞에서 실로 우스꽝스러운 춤을 추는 수컷이나 자신이 잡아 온 먹이를 암컷에게 주는 수컷 등 구애 행동의 형태는 실로 다양합니다.

물론 어느 경우든 간에 수컷은 암컷의 관심을 끌기 위해 온 힘을 다해 노력합니다. 그렇게 구애 행위가 암컷에게 받아들여지면 다시 말해 암컷이 수컷의 춤에 반응하거나 수컷이 갖고 온 먹이를 받아먹으면 두 개체는 짝을 이루게 되고 이후 짝짓기로 이어집니다. 이러한 구애 행동은 비단 새에게서만 나타나는 것이 아니라 다른 다양한 생물 종에서도 발견할 수 있습니다.

큰가시고기라는 이름의 작은 물고기도 그렇습니다. 큰가시고기는 번식기가 되면 물풀 줄기를 모아서 보금자리를 만들고 암컷을 발견하면 '지그재그 댄스'라고도 부르는 구애 행동을 하며 암컷이 둥지로 오도록 꼬십니다. 성공하면 암컷은 보금자리에 들어와 난자를 배출하고 곧바로 수컷도 정자를 분출하여 수정이 이뤄집니다.

송사리도 구애 행동을 합니다. 수컷은 암컷에게 접근하듯 헤엄치면서 가끔 암컷 앞에서 원을 그리듯 회전합니다. 이러한 구애 행동을 반복하던 중 암컷이 수컷을 받아들이면 암수가 함께 몸을 흔들면서 난자와 정자를 방출하여 수정이 이뤄집니다.

포유류 수컷도 구애 행동을 합니다. 여성 독자 중에는 "나도 주변 남자들이 귀찮을 정도로 따라다녔던 적이 있어"라고 말하는 사람이 있을지도 모르고, 남성 독자 중에는 "젊었을 때는 춤도 열심히 추고, 한식 중식 일식 양식

할 거 없이 밥을 사 주기도 했어"라고 말하는 사람이 있을지도 모르겠습니다. 물론 여기서 소개할 사례는 그런 이야기가 아니라 쥐의 구애 행동에 관한 이야기입니다. 수컷 쥐는 무려 '노래'로 암컷을 유혹합니다. 기쿠스이 타케후미 연구팀은 쥐는 사람에게는 들리지 않는 주파수의 소리를 낼 수 있으며 그중에 구애 시 내는 특징적인 소리가 있다는 사실을 밝혔습니다. 더욱이 구애의 노래를 잘 부르는 수컷과 그렇지 못한 수컷을 대하는 암컷의 태도에도 꽤 차이가 있다고 합니다. 수컷 쥐 역시 암컷의 마음에 들기 위해 열심히 노력한다는 점을 엿볼 수 있습니다.[49]

이러한 다양한 예시에서 구애 행동은 수컷에게만 나타나는 행동이었지만 당연하게도 수컷의 구애 행동에 암컷이 반응하는 것이 중요합니다. 암컷의 반응이 있은 후에야 비로소 암수 간 번식 행위로 이어질 수 있습니다. 암컷과 수컷의 번식 행동은 서로 다릅니다. 예를 들어 많은 설치류 수컷은 암컷의 등에 올라 타고(마운팅), 그때 암컷은 등을 뒤로 젖혀 휘게 합니다(로도시스). 암수 간 서로 다른 번식 행동에 의해 수정이 이뤄집니다.

여기서 한 가지 확인해 둘 게 있습니다. 이러한 복잡한 행동을 조절하는 것이 바로 뇌라는 점입니다. 다시 말해 수컷의 구애 행동과 그 후의 암수의 번식 행위는 전부 뇌가 지배하고 있다는 것입니다.

뇌의 성을 결정하는 방법 - 어류

다시 한번 어류 이야기로 돌아가 보겠습니다. 어류의 수정 시 암수가 동시에 정자와 난자를 분출하는 것은 아닙니다. 그 때문에 암수는 여러 단계에 걸쳐 특징적인 행동을 취합니다. 앞서 구애 행위에서 번식 행위에 이르기까지의 과정에서 여러 가지 행동을 보았습니다. 이러한 특징적인 행동들이 어떻게 유발되는지에 대해서는 이전부터 다양한 연구가 진행되었습니다. 그 결과 성 호르몬이 중요한 역할을 한다는 것이 알려졌습니다.

일반적으로 미성숙한 수컷은 성숙한 암컷과 같이 두어도 구애를 하지 않습니다. 하지만 이 수컷에게 남성 호르몬을 투여하면 암컷을 향한 구애 행동을 유발할 수 있습니다. 신기한 것은 암컷에게 남성 호르몬을 투여해도 수컷의 성 행동을 유발한다는 점입니다. 즉 수컷의 뇌도 암컷의 뇌도, 남성 호르몬에 응답하는 능력을 갖추고 있다는 이야기입니다. 이러한 실험 결과에 따라 어류 뇌의 성별은 암수 한 쪽으로 고정된 상태로 존재하는 것이 아니라 수컷과 암컷의 성 행동 모두를 유도할 수 있는 상태를 유지하고 있다고 해석할 수 있습니다.

어류의 뇌가 이런 상태를 유지한다는 것은 다음과 같은 의의를 가집니다. 2장에서 살펴보았듯이 자연계에는 성 전환을 하는 물고기가 많이 존재합니다. 난소가 정소로, 정소가 난소로 바뀌는 것입니다. 예를 들어 정소가 난소로 전환됐을 때 뇌의 성별이 수컷인 채 유지된다면 암컷으로서의 행동을 보일 수 없을 것입니다. 기껏 난소를 다시 만들었는데도 뇌의 성별 역시 동시에 전환되지 않으면 난자를 수정시킬 수 없을 것입니다. 어류의 뇌가 성별을 고정하지 않은 상태를 유지하고 있다는 것은 성 전환을 할 때 뇌를 다시 바꾸지 않고도 언제든 생식샘의 성과 일치하는 행동을 취할 수 있는 구조를 유지하는 것입니다.

뇌의 성을 결정하는 방법 - 포유류

어류는 성 호르몬에 의존하여 생각보다 쉽게 뇌의 성별을 바꿀 수 있습니다. 이와 반대로 포유류는 성 호르몬을 아무리 투여하더라도 뇌의 성별까지 바뀌진 않습니다. 즉 암컷 쥐에게 아무리 남성 호르몬을 투여하더라도 수컷의 성 행동인 마운팅을 유발할 수 없습니다. 마찬가지로 수컷 쥐에게 여성 호르몬을 투여하더라도 암컷의 성 행동인 로도시스는 유발할 수 없습니다. 즉 포유류의 뇌는 어류의 뇌와 달리 어느 정도 고정된 성을 갖고 있는 것으로 보입니다. 그렇다면 포유류 뇌의 성은 어떻게 성립될까요? 지금까지의 연구를 통해 포유류 뇌의 성별은 두 단계를 통해 성립된다고 여겨지고 있습니다. 1단계에서는 출생 전후 시기에 뇌의 기본적인 성별 기반이 결정됩니다. 이어서 2단계에서는 사춘기가 되어 성 성숙을 거치며 성 호르몬에 의한 자극을 통해 구애 행동이나 성 행동을 불러일으키게 됩니다.

예를 들어 발정기 암컷 쥐가 보이는 로도시스라는 성 행동 역시 여성 호르몬에 의해 유발됩니다. 따라서 난소를 적출하면 암컷은 로도시스를 보이지 않지만 여성 호르몬을 투여하면 다시 로도시스가 유발되는 것이죠. 이러한 여성 호르몬의 효과는 1단계 과정에서 정해진 기본적인 성 기반에 의존합니다. 따라서 수컷에게 여성 호르몬을 투여해도 로도시스를 하지는 않는다는 말입니다. 이러한 근거를 기반으로 뇌의 성별은 출생 전후로 기본적인 성별이 정해지며 성적으로 성숙해 가면서 성 호르몬에 의해 암수의 특징적인 행동이 유도된다는 것을 이해할 수 있습니다.

그렇다면 뇌의 성별은 언제 결정되는가?

그렇다면 1단계 과정, 즉 뇌의 기본적인 성별 기반은 언제 어떻게 결정되는 걸까요? 많은 연구를 통해 이 과정 역시 출생 전후 뇌가 성 호르몬의 영향을 받으면서 뇌의 기본적인 성별 기반이 정해진다는 사실을 알게 되었습니다. 물론 생물 종에 따라 다르긴 하지만 인간을 포함한 많은 포유류에서는 이 과정에서 남성 호르몬이 중요하다는 것이 알려져 있습니다.

물론 이러한 사항은 인간으로 생체 실험을 할 수는 없습니다. 다만 성 분화 질환 환자들의 증상을 통해 이 과정에서 남성 호르몬이 부여받는 중요성을 알 수 있었습니다. 남성 호르몬은 각 세포 속에 있는 남성 호르몬 수용체와 결합합니다. 이 복합체는 전사 인자로 기능합니다. 그 결과 특정 유전자들의 발현을 활성화하면서 남성 혹은 수컷으로서의 특징이 만들어질 수 있습니다.

성 분화 질환에는 다양한 원인이 있습니다. 여기서 소개하는 사례는 성 호르몬 수용체 유전자에 변이가 생겨 호르몬 수용체의 기능이 완전히 소실된 환자입니다. 남성 환자의 경우 체내에서 남성 호르몬이 만들어지긴 하지만 수용체가 정상 기능을 수행할 수 없기 때문에 결과적으로 남성 호르몬에 의한 기작이 이루어지지 않습니다. 유전적으로는 남성(XY)임에도 불구하고 이런 환자는 대부분 자신을 여성이라고 인식합니다. 자신의 성을 어떻게 인식하는가를 우리는 '성 정체성'이라고 부릅니다. '성적 지향'과 함께 뇌의 성을 논할 때 중요한 단어이기도 합니다. 즉 이런 환자는 자신의 성 정체성을 '여성'이라고 인식하며 성 정체성을 조절하는 뇌의 영역이 성 스펙트럼상 여성 쪽으로 기울어져 있다는 이야기입니다. 이런 사례 덕분에 사람 뇌의 성을 결정하는 데에는 '남성 호르몬에 의한 뇌의 남성화'가 주요하다는 사실이 알려졌습니다. 반대로 설치류는 여성 호르몬이 뇌를 '수컷화' 시킨다고 합니다. 조금 복잡하지만 다음과 같은 실험 결과에서 나온 결론입니다.

이 실험에서는 출생 전후의 암컷 쥐에 남성 호르몬을 투여했습니다. 투여를 받은 쥐는 언뜻 보기엔 다른 암컷들과 다를 바 없이 성장합니다. 하지만 성 행동에서는 다른 모습을 보여 줍니다. 이 암컷 쥐는 암컷의 성 행동인 로도시스가 아니라 남성의 성 행동인 마운팅을 하는 것이었습니다. 다만 이 남성 호르몬이 직접적으로 뇌의 성을 결정하는 것은 아닙니다. 조금 복잡한 반응 경로가 따라옵니다. 척추동물은 남성 호르몬을 여성 호르몬으로 전환하는 '아로마테이스'라는 효소를 갖고 있습니다. 물론 이 효소는 모든 세포에 다 들어 있는 것은 아닙니다.

설치류의 뇌 속에는 이 효소가 존재합니다. 즉 설치류의 뇌에서는 남성 호르몬을 여성 호르몬으로 전환하는 과정이 이루어집니다. 실험 결과 설치류의 뇌에서 아로마테이스 효소에 의해 만들어진 여성 호르몬이 설치류 뇌의 수컷화를 유도한다는 결론이 나왔습니다. 여성 호르몬이 암컷화가 아니라 수컷화를 유도한다니. 조금 복잡하지만 이것이 바로 설치류 뇌의 성별 결정 방식입니다.

**물고기와 인간 뇌의 성별 결정 방식은
대체 무엇이 다른 걸까?**

지금까지 살펴보았듯이 어류와 포유류는 뇌에서 성차를 만드는 메커니즘이 서로 달랐습니다. 성 호르몬의 영향으로 성차가 만들어지며 암수 특유의 성 행동이 유발된다는 사실은 동일합니다. 하지만 어류는 출생 전후로 뇌의 기본적인 성별 기반이 정해지지 않기 때문에 성 호르몬을 투여하여 원래 성별과 다른 성 행동을 유발할 수 있었습니다.

이를 성 스펙트럼에 기반하여 생각해 봅시다. 성체 물고기의 뇌는 호르몬에 의한 자극이 없으면 스펙트럼 정중앙에 위치합니다. 남성 호르몬의 자극을 받으면 실제 생물학적 성이 어떻든 간에 뇌의 성은 수컷 쪽으로 기울어집니다. 반대로 여성 호르몬의 자극을 받으면 어느 개체든 간에 뇌의 성은 암컷 쪽으로 기울어질 수 있습니다. 즉 뇌의 기본적인 성별 기반이 없기 때문에 스펙트럼 어느 쪽으로든 중간 지점을 뛰어넘어 이동할 수 있는 것입니다.

한편 포유류는 출생 전후로 성 호르몬에 의해 뇌의 성별 기반이 결정됩니다. 이때 수컷의 성별은 성 스펙트럼상 중간에 가깝긴 하지만 수컷 쪽으로 살짝 기울어집니다. 암컷의 성별은 스펙트럼상 중간에 가깝긴 하지만 암컷 쪽으로 살짝 기울어지는 거죠. 이후 성 호르몬의 작용으로 인해 각자의 위치에서 좀 더 양쪽 끝을 향해 이동할 수 있게 되는 겁니다. 또한 기본적인 성별 기반이 정해져 있기 때문에 성 호르몬의 자극을 받는다고 해서 중간 지점을 뛰어넘어 반대편으로 이동하지는 않는 것입니다.

그렇다면 중요한 것은 호르몬 하나뿐?

포유류와 어류의 예를 통해 뇌의 성별이 어떻게 형성되고 유지되는지 살펴보았습니다. 그리고 모든 생물 종에서 성 호르몬이 뇌의 성 스펙트럼상 위치를 변화시킨다는 점도 함께 확인했습니다. 그렇다면 뇌의 성별을 결정하는 것은 성 호르몬뿐일까요? 이 질문에 대한 대답을 제시하는 아주 흥미로운 실험이 있습니다.

매우 드문 형상이긴 하지만 가끔 신체의 한쪽 절반은 수컷이고 다른 쪽 절반은 암컷인 새가 태어나기도 합니다. 이러한 개체를 '자웅 모자이크'라고 합니다. 나비와 같은 곤충에게서도 관찰되는 현상입니다. 지금부터 소개할 연구에서는 금화조라는 새의 자웅 모자이크 개체가 사용되었습니다. 몸의 오른쪽이 수컷, 왼쪽이 암컷인 개체였습니다. 3장에서 설명했듯 조류의 성별은 XY가 아니라 ZW 염색체에 의해 결정됩니다. 즉 이 금화조의 오른쪽 절반은 ZZ, 왼쪽 절반은 ZW 염색체 구성을 갖고 있었다는 뜻입니다.

이러한 자웅 모자이크 금화조를 이용한 실험에서 매우 흥미로운 결과가 관찰되었습니다. 이 개체는 몸의 좌우가 유전적으로는 서로 다른 성을 가지고 있긴 하지만 혈관은 연결되어 있어 혈액은 좌우를 자유롭게 흐릅니다. 즉 성 호르몬 역시 혈류를 타고 몸의 양쪽으로 동일하게 전달될 수 있습니다. 따라서 성 호르몬만이 뇌의 성별을 결정짓는 유일한 요소라면 좌우의 뇌는 동일한 성적 특성을 가져야 할 것입니다. 이 실험에서는 이 가설을 검증하기 위해 성차가 나타나는 뇌의 특정 영역을 관찰했습니다.

금화조 수컷은 노래를 부르며 암컷에게 구애를 합니

다. 이 구애 행동을 담당하는 뇌 영역은 이미 잘 알려져 있으며 일반적으로 암컷보다 수컷의 뇌에서 이 영역이 훨씬 더 크게 발달한다는 사실도 잘 알려져 있습니다. 이 실험에서는 자웅 모자이크 개체의 뇌에서 구애 노래를 담당하는 영역의 좌우 크기를 비교했습니다. 그 결과 똑같은 호르몬의 영향하에 있음에도 불구하고 ZZ 염색체를 가진 (유전적으로 수컷인) 오른쪽 뇌 영역이 왼쪽보다 더 크게 발달해 있었다는 사실을 확인했습니다.[50]

즉 자웅 모자이크 개체의 뇌를 살펴본 결과 뇌의 성 스펙트럼상 위치를 결정하는 요소는 성 호르몬만이 아니라는 사실을 알 수 있었습니다. 아마도 유전적인 요인이 추가적으로 관여할 것이라는 사실을 암시합니다.

성 정체성과 성적 지향의 스펙트럼

이제 인간 뇌의 성 스펙트럼에 대해 고찰하겠습니다. 인간 뇌의 성별은 크게 두 가지 관점에서 논의할 수 있습니다. 첫 번째 관점은 '자신을 어떤 성별로 인식하는가'를 의미하는 '성 정체성'입니다. 그리고 두 번째 관점은 '어떤 성별을 사랑하느냐'와 관련된 '성적 지향'입니다.

성 정체성과 성적 지향은 인간 뇌의 성 스펙트럼을 논

할 때 매우 중요한 개념입니다. 그 형태는 실로 다양합니다. 예를 들어 성 정체성에는 '자신을 남성으로 인식하는 사람' '자신을 여성으로 인식하는 사람' '남성이자 동시에 여성이라고 인식하는 사람' '남성도 여성도 아니라고 인식하는 사람' 등이 있습니다. 성적 지향 역시 마찬가지로 '남성을 연애 대상으로 인식하는 사람' '여성을 연애 대상으로 인식하는 사람' '남성과 여성 모두를 사랑할 수 있는 사람' 등이 존재합니다. 이러한 다양한 예시를 보면 인간 뇌의 성을 단순히 이분법적으로 이해할 수 없다는 점을 쉽게 알 수 있습니다. 즉 뇌의 성 역시 스펙트럼상 다양한 위치에 분포할 수 있음을 이해해야 합니다.

그림 14에는 성 정체성과 성적 지향의 스펙트럼이 그려져 있습니다. 우선 성 정체성 스펙트럼의 양쪽 끝에는 '자신을 남성으로 인식하는 사람'과 '여성으로 인식하는 사람'이 위치합니다. '자신을 남성이기도 하며, 동시에 여성이기도 하다'고 인식하는 사람은 아마 스펙트럼의 거의 중앙에 위치한다고 볼 수 있습니다. 아마 '남성도 여성도 아니라고 인식하는 사람' 역시 이 부근에 위치할 것입니다. 혹은 '100%는 아니지만 어느 쪽이냐 하면 남성 쪽'이라고 인식하는 사람도 있습니다. 이런 사람은 완전히 끝은 아니더라도 남성 쪽으로 살짝 치우친 지점에 위치합니다. '100%는 아니지만 어느 쪽이냐 하면 여성 쪽'이

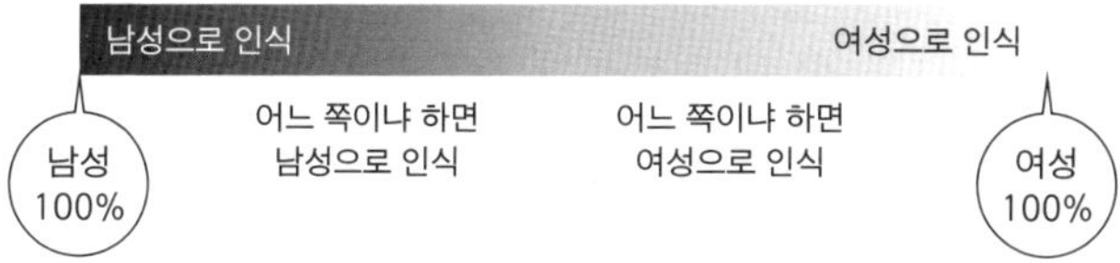

그림 14. 성 정체성과 성적 지향 스펙트럼.

라고 인식하는 사람도 마찬가지입니다. 이렇듯 성 정체성을 지배하는 뇌(신경세포)의 성 역시 스펙트럼상에 분포시킬 수 있다는 것을 알 수 있습니다.

성적 지향에 대해서도 마찬가지입니다. '남성을 연애 대상으로 인식하는 사람'과 '여성을 연애 대상으로 인식하는 사람'이 스펙트럼의 양 끝에 위치하고 있습니다. '둘 다 사랑할 수 있는 사람'은 중앙 쪽에 위치하고 있습니다. 또한 성 정체성과 마찬가지로 100%는 아니지만 중앙에서 살짝 왼쪽으로 치우친 사람이나 살짝 오른쪽으로 치우친 성적 지향을 가진 사람 역시 존재합니다.

성적 지향을 결정하는 유전자는 과연 있는 걸까?

이렇게 다양한 성 정체성과 성적 지향 역시 성 스펙트럼상 위치로 이해할 수 있습니다. 다만 위 설명은 정체성이나 성적 지향의 정도를 정확하게 수치화해서 논한 것은 아니기에 1장에서 남녀의 신체적 특성 그림을 바탕으로 성 스펙트럼상 위치를 논했을 때와 같이 애매한 부분이 분명히 존재합니다. 5장에서는 그 문제를 극복하기 위해 우리 몸을 이루는 세포의 유전자 발현 정도를 수치화하여 비교함으로써 세포의 성차, 남녀 개체의 성차를 비교할 수 있었습니다. 그렇다면 성 정체성과 성적 지향에 대해서도 같은 방식의 비교가 가능할까요?

물론 이론적으로는 가능합니다. 하지만 아직 인간의 뇌에 대해 밝혀지지 않은 점이 많으며, 사람을 대상으로 한 연구에는 윤리적·기술적 제약이 있습니다. 동물 실험 역시 어느 정도 한계가 있습니다. 쥐가 우리와 똑같이 다양한 성 정체성과 성적 지향을 인식하고 있을까 하는 문제가 있습니다. 따라서 동물 실험으로 인간의 성 정체성 스펙트럼을 완벽하게 알아낼 수 없습니다. 일단 이 책에서는 두 종류의 생물에서 동정된 성적 지향과 관련된 유전자를 우선 설명하겠습니다.

오쿠보 가타아키 연구팀에 의해 송사리 뇌에서는 여성

호르몬 수용체가 성적 지향을 조절하는 데 굉장히 중요한 역할을 한다는 것이 밝혀졌습니다.[51]

이 실험에서 연구팀은 뇌에서 여성 호르몬 수용체 유전자를 파괴한 암컷 송사리를 만들어 성 행동을 연구했습니다. 비록 뇌의 여성 호르몬 수용체 유전자는 파괴되었지만 정상적인 난소를 지니고 있으며 다른 암컷과 다를 바 없는 겉모습을 가졌습니다. 따라서 이 암컷 역시 수컷에게서 구애를 받았습니다. 하지만 뇌에서 여성 호르몬 수용체 유전자가 파괴된 탓에 여성 호르몬이 뇌에 도달하더라도 수용체가 제대로 기능을 수행할 수 없었습니다. 그 결과 수컷의 구애를 받아들이지 못하고 짝을 이뤄 수정으로 이어지는 일도 없었습니다. 오히려 다른 암컷들에게 구애를 하는 모습을 보이기도 했습니다. 즉 뇌에서 여성 호르몬 수용체 유전자가 파괴된 것만으로도 성적 지향이 변화한 것이었죠. 단 하나의 유전자만으로도 동물 뇌의 성적 지향 스펙트럼이 크게 변할 수 있다는 것을 알려 준 흥미로운 실험입니다.

또 한 가지 초파리의 예를 소개하겠습니다. 뇌의 성을 논할 때 쥐조차도 사람이랑 너무 달라서 한계가 있다고 했는데 심지어 초파리라니. 초파리는 괜찮다는 거야? 하는 의문이 들지도 모르겠습니다. 물론 초파리는 사람과는 달라도 한참 다릅니다. 애초에 형태 자체가 너무 달라서 비슷한 논의가 불가능해 보일지도 모릅니다. 하지만 초파리는 생물학 연구에서 널리 사용되는 모델 생물로 지금까지 수많은 연구가 초파리를 이용하여 생물의 공통적인 기본 메커니즘을 밝히는 데 큰 기여를 했습니다. 초파리도 분명히 뇌와 신경을 갖고 있기에 뇌와 성적 지향과 관련된 실험 결과를 참고할 수 있습니다.

야마모토 다이스케 연구팀은 초파리에서 아주 흥미로운 유전자 변이를 발견했습니다. 이 유전자 변이를 갖는 수컷 초파리는 암컷에게 관심을 보이지 않았으며 오히려 수컷에게 구애 행동을 보였습니다. 앞서 송사리 실험에서는 암컷에게 구애를 하는 암컷을 만들었다면 여기서는 수컷에게 구애를 하는 수컷이 만들어진 것입니다. 물론 성별은 반대이지만 이 경우에도 유전자 하나의 변화만으로 성적 지향이 달라졌다는 것을 알 수 있습니다. 여기서 변이가 발생한 유전자가 바로 '*fruitless*'라는 이름의 유전자였습니다.[52]

송사리에서는 여성 호르몬 수용체 유전자를 파괴해서 성적 지향을 바꾸었습니다. 하지만 이 *fruitless* 유전자는 여성 호르몬 수용체 유전자와는 아무런 관계가 없는 유전자입니다. 포유류나 어류에서는 성 호르몬이 뇌의 성별을 결정하는 데 굉장히 중요했지만 초파리에서는 성 호르몬이 뇌의 성을 결정하는 데 큰 기여를 하지 않는다는 의미였습니다.

척추동물은 심장에서 피를 펌프질하여 혈관계를 통해 온몸으로 퍼집니다. 하지만 일반적으로 곤충에서는 이러한 혈관계 시스템이 발달되어 있지 않습니다. 심장에서 나온 혈류가 온몸을 구석구석 도는 것이 아니라는 의미입니다. 다시 말하면 초파리의 몸에는 척추동물이 구축하고 있는 호르몬에 의한 내분비 조절 시스템이나 성 호르몬에 의한 성 결정 시스템이 발달하지 않았다는 뜻입니다.

초파리의 성 결정 방식, 성차의 생성 과정은 척추동물과는 상당히 다릅니다. 척추동물과 완전히 동일한 방식으로 논의하는 것은 어려울 수 있습니다. 하지만 송사리 실험처럼 초파리의 경우에도 단 하나의 유전자에 생긴 변이로 뇌의 성적 지향 스펙트럼상 위치가 확 바뀐 개체가 등장했다는 점은 분명히 주목할 만합니다.

아직 남아 있는 수수께끼

송사리나 초파리에서 발견된 성적 지향 조절 유전자가 다른 생물에서도 동일한 방식으로 작용할지는 아직 확실하지 않습니다. 물론 유전자 단 하나만으로 유전자의 변이가 특정 동물의 성적 지향을 전환할 수 있다는 결과는 분명 인상적입니다. 송사리와 초파리의 성적 지향 결정 메커니즘에 여성 호르몬 수용체 유전자와 *fruitless* 유전자가 각각 크게 관여하고 있다는 사실을 알아냈기 때문입니다. 이는 뇌의 성을 이해하는 데 있어 중요한 진전이라 할 수 있습니다.

최근에는 쥐와 같은 생물에서 성적 지향에 특정 신경세포가 관여한다는 사실이 조금씩 밝혀지고 있습니다. 인간의 뇌의 성차에 관한 연구 성과도 조금씩 축적되고 있습니다. 예를 들어 사후 뇌를 이용한 구조 분석을 통해 남녀에서 크기가 다른 신경핵이 존재한다는 사실이 밝혀졌습니다. 또한 현재 활발히 활동하는 뇌 영역을 가시화해서 보여 주는 기능성 MRI 분석을 통해 특정 조건하에서 활발히 활동하는 뇌 영역에도 성차가 존재한다는 사실이 알려졌습니다. 뇌 연구에는 분명 여러 제약이 따르지만 그럼에도 연구 성과는 꾸준히 축적되고 있습니다.

하지만 아직도 성 호르몬의 자극이 어떤 메커니즘으로 신경세포에 작용하며, 그 자극에 대해 신경세포가 어떻게 반응하고, 성 호르몬의 자극을 받은 사실을 신경세포가 어떻게 기억하는지 등 아직 밝혀지지 않은 수수께끼가 많습니다.

몸을 구성하는 세포는 모두 성을 갖고 있습니다. 뇌를

구성하는 신경세포도 모두 성을 갖고 있습니다. 그리고 이러한 성을 지닌 신경세포들이 네트워크를 형성하면 그 자체로 성차를 만들어 낼 수 있으며 이는 결국 뇌 기능의 성차로 이어집니다. 따라서 다른 기관이나 조직과 마찬가지로 뇌의 성차를 이해하기 위해서는 특정 신경세포를 뇌에서 직접 분리하여 분석하는 과정이 필요합니다. 실제로 과학계에서는 이미 '녹색 형광 단백질GFP'을 이용하여 뇌 속 특정 종류의 신경세포만을 녹색으로 발현시키는 실험용 쥐를 개발했고 이를 통해 뇌의 성을 조절하는 신경세포에 대한 연구도 진행되고 있습니다. 가까운 미래에는 뇌의 성에 대한 이해가 더욱 진전될 것으로 기대됩니다.

성 스펙트럼이 주는 메시지

들어가는 글에서 말했듯이 이 책은 우리 연구자들이 최근 비로소 깨달은 성 스펙트럼이라는, 성을 이해하는 새로운 사고방식을 여러분에게 소개하고자 쓴 책입니다. 마지막으로 그 내용을 다시 한번 복습하겠습니다.

연구자들은 오랜 기간 동안 성(수컷과 암컷, 남성과 여성)을 명확한 경계가 있는, 서로 대립하는 두 개의 표현형으로 생각해 왔습니다. 두 성별 사이 차이를 강조하고 비교하면서 성별을 이해하려 했습니다. 이러한 방식이 분명히 틀린 것은 아니지만 이런 사고방식만으로는 성의 본질을 온전히 이해하기 어렵습니다. 수컷임에도 암컷을 의태하며 번식에 성공하는 새, 물고기, 잠자리 등의 존재는 생물의 성별을 단순히 둘로만 나눌 수 없다는 점을 시사합니다.

이를 설명하기 위해 등장한 개념이 바로 성 스펙트럼입니다. 성을 두 개의 대립하는 극단으로만 이해할 게 아니라 연속적이며 점진적으로 변하는 스펙트럼으로 이해해야 한다는 사고방식은 성 연구에 변혁을 불러왔습니다. 우리 연구자들은 성 스펙트럼이라는 새로운 사고방식을 통해 성의 본질을 완벽하게 이해할 수 있으리라 기대하고 있습니다.

성 스펙트럼 사고방식에 따르면 성은 고정된 것이 아니며, 유연하게 변화하는 성질을 갖고 있습니다. 성 스펙트럼상 위치는 수컷(남성)화와 암컷(남성)화 혹은 탈수컷(남성)와 탈암컷(여성)화를 불러오는 힘에 의해 평생 계속해서 바뀌어 갑니다. 여성의 경우 월경 주기에 따라 주기적인 변화를 겪으며 임신 중에는 매우 큰 폭으로 변화하기도 합니다.

성 스펙트럼상 위치를 결정하고 변화시키는 힘의 원천

이 바로 성 결정 유전자를 중심으로 한 유전적 조절, 그리고 성 호르몬을 중심으로 한 내분비 조절입니다. 우리는 이 책에서 성 결정 유전자가 무엇인지, 성 호르몬은 어떻게 기능을 하는지 자세하게 살펴보았습니다.

성 호르몬의 기능과 관련해 다소 특이한 사례도 소개했습니다. 난정소에서 남성 호르몬을 만들어 비번식기에는 높은 공격성을 띠는 두더지나 일쥐에게 여성 호르몬이 잔뜩 들어 있는 분변을 먹여 양육 행동을 유도하는 여왕 벌거숭이두더지쥐의 사례를 통해 성 호르몬의 위력을 활용하는 장면을 보았습니다. 또한 내분비 교란 물질(환경 호르몬)이나 도핑 금지 약물도 성 호르몬 수용체와 결합할 수 있기 때문에 성 호르몬의 작용을 모방할 수 있다는 점도 소개했습니다.

또한 거시적으로 나타나는 성차가 사실은 세포 각각에서 유래한다는 점도 설명했습니다. 신체를 구성하는 모든 세포가 각자 성 스펙트럼상 존재하는 성을 가지며 그러한 세포가 모여 골격근이나 혈관, 피부, 장기를 만들면서 성차가 형성됩니다.

세포가 어떻게 성별을 갖는지는 다소 난해한 내용일 수 있습니다. 사실 원래 이 내용은 더 폭넓은 범위에서 논해야 했겠지만 이 책에서는 유전자의 발현이라는 관점에 집중해 보았습니다. 세포의 기능은 유전자의 발현량을 통해 수치화할 수 있으며 이 수치를 비교하면 성 스펙트럼상 위치를 보다 객관적으로 논할 수 있었습니다.

우리 몸을 구성하는 모든 세포는 독자적으로 성을 갖고 성 스펙트럼상 위치를 정할 수 있었습니다. 하지만 독자적으로 성을 갖는다 해도 '수컷 90% 세포'와 '암컷 15% 세포'가 인접하여 존재하는 일은 사실상 없습니다. 모든 세포가 똑같이 갖고 있는 유전자 세트에 의한 유전적 조절, 그리고 혈류를 타고 모든 세포에 공통되게 전달될 수 있는 성 호르몬에 의한 내분비 기작에 의해 거의 동등한 조절을 받기 때문입니다. 이러한 조절 기작을 통해 우리 신체의 거시적이며 안정된 성이 나타나며 성 스펙트럼상에 위치시킬 수 있는 것입니다.

이 책을 읽은 독자 여러분은 성을 단순히 두 개의 극단적인 표현형으로 다루는 것이 부자연스러우며 성을 연속적인 스펙트럼 위에 분포하는 표현형으로 설명하는 것이 더 합리적임을 이해했으리라 생각합니다. 단 한 명이라도 이 설명을 이해했다고 하면 이 책의 존재하는 의의가 있습니다.

무엇보다도 많은 사람이 성 스펙트럼이라는 사고방식에 기반하여 다양한 성의 존재를 인식하고 받아들인다면 분명히 우리 사회는 더 풍요로워질 것이라 생각합니다.

물리학자 고시바 마사토시가 중성 미자neutrino를 발견하여 2002년 노벨 물리학상을 받은 일을 기억하는 사람이 있겠지요. 수상 결정 통보가 온 날 밤, 고시바 선생은 자택 앞에서 어느 뉴스 방송에 출연하고 있었습니다. 그때 선생이 했던 말씀이 지금도 제 마음속에 강렬히 남아 있습니다.

취재를 하러 온 신인급 아나운서는 시청자들이 밝은 미래를 꿈꿀 수 있도록 하는 코멘트를 받아오라는 상사의 지시가 있었던 것인지, 아니면 그저 혼자서 그러한 사명감을 느끼고 있었던 건지 잘 모르겠지만 몇 번이고 "선생님의 연구가 우리 사회에 어떤 기여를 할 것이라 생각하십니까?" 하고 물었습니다. 그때마다 선생은 "그 어떤 기여도 하지 않을 겁니다"라고 타이르는 듯한 말을 하고 이어서 "다만 이런 연구에 장기간 세금을 쓸 수 있게 한 것은 감사히 여기고 있습니다"라고 말했습니다.

사실 저 역시 비슷한 경험이 있습니다. 고시바 선생과는 스케일이 한참 다르지만 제 연구 성과도 우연히 한 방송국의 눈길을 끌었는지 카메라맨과 함께 젊은 기자가 취재를 하러 온 적이 있습니다. 연구 내용을 한바탕 설명하고 나니 역시 기자에게서 "선생님의 이번 연구가 우리 사회에 어떠한 기여를 할 것으로 보입니까?" 하는 질문이 날아 왔습니다.

기초 과학 연구자들은 이런 질문에 대해 경계할 수밖에 없습니다. 쓸모가 있고 없고로 연구 주제를 설정하는 게 아니니까요. 따라서 결코 고시바 선생을 흉내 낸 건 아니지만 저 역시 "어떠한 기여도 하지 않을 겁니다" 하고 대답했습니다. 정말로 그렇기 때문에 다른 대답이 없었습니다. 이때도 어린 기자는 "선생님의 연구는 암 치료에 기여할 수 있지 않습니까?" 하고 다시 한번 끈질기게 물었습니다. 그때 제가 (그런 가능성이 아예 없는 것은 아니었기에) "이런저런 방식으로 암 치료에 기여할 수 있을지도 모릅니다" 하고 대답이라도 했다면 자신만만한 얼굴로 "근 미래에 암 치료에 기여할 수 있습니다" 하고 대답하는 장면이 텔레비전 영상으로 박제되었을 것입니다. 지금 생각하면 정말 아찔합니다.

지금 전 세계에서 이뤄지고 있는 연구는 두 종류로 분류할 수 있습니다. 하나는 과제 해결형 연구입니다. 이미 눈앞에 놓인 과제의 해결을 목표로 하는 연구입니다. 이런 부류의 연구를 실시하는 연구자들은 연구가 사회에 어떤 식으로 기여할 수 있을지, 어떤 쓸모가 있을지 하는 질문에 쉽게 대답할 수 있습니다.

또 하나는 과제 발굴형 연구입니다. 이런 부류의 연구 과제는 모든 사람에게 보여 주기 위한 것이 아닙니다. 각각의 연구자는 연구 과제를 스스로 발굴해 냅니다. 기초 과학으로 분류되는 연구는 거의 대부분 이러한 과제 발굴형 연구입니다. 이런 연구들은 연구자 개인의 흥미에 의한 것이 크며 연구자 개인의 취미와 같은 과제도 많이 볼 수 있습니다. 그렇기 때문에 이런 연구들은 아까와 같은 질문이 나오기만 하면 나약함이 드러납니다. 애초에 연구 과제를 설정할 때 연구자 개인의 흥미를 중시하여 세상에 기여한다는 문제는 고려하지 않기 때문에 우리 사회에 어떤 식으로 기여할 수 있냐 하면 진부한 대답만이 나올 뿐입니다.

그럼 과연 기초 과학 연구란 대체 무엇을 위해 이뤄지는 걸까요? 저희의 연구를 위해 필수적인 연구비는 세금으로 마련되고 있음에도 과연 세금이 투입될 만한 가치가 있는 걸까요? 그런 의문을 품는 사람도 분명히 있을 것입니다.

어려운 문제이지만 제게는 이런 경험도 있습니다. 한 저명한 교수의 강연을 들은 적이 있습니다. 그 교수의 연구는 단편적으로 알고 있었지만 그 강연에서는 해당 교수가 길게 이어 온 연구의 전체 과정을 들을 수 있었습니다. 그 내용은 마치 역사 두루마기를 보는 듯했으며 그 장대함에 몸이 떨릴 정도로 감동했습니다. 또한 강연에서는 발표에 사용된 파워포인트 슬라이드 하나하나에 (그 모두를 전부 설명하진 않았지만) 실험 결과가 세세하게 담겨 있었습니다. 강연이 끝났을 때는 충만함이라 해야 할까요? 이 이상 먹지 않아도 될 것 같은 배부름을 느꼈습니다. 이러한 깊은 감동이나 충만함은 연구를 설명하는 강연에서만 받을 수 있는 것은 아닙니다. 소설을 읽고, 영화를 감상하고, 음악을 들을 때 우리는 때때로 깊이 감동하고 충만함을 얻을 수 있는 법입니다.

자, 다시 돌아와서 저희 성 연구자들의 연구는 어떤가요? 사회에 큰 기여를 하겠다는 목표로 암수별로 색이 다른 잠자리나 암컷 송사리의 뇌에 나타나는 거대한 세포를 연구한 것은 아닐 것입니다(본인들에게 확인을 받은 건 아니지만 분명히 그럴 겁니다). 이런 연구 뿐일까요? 수컷이 선물한 먹이를 암컷이 먹는 사이에 짝짓기를 하는 곤충을 연구한 사람, 진화 과정에서 Y 염색체가 없어진 쥐의 성별이 어떻게 결정되는지 연구한 사람, 암수 한몸인 달팽이 등껍질의 꼬임 방향이 오른쪽과 왼쪽으로 나타나게 된 메커니즘을 연구한 사람 등 연구자 중에는 실로 개성적인 시점으로 과제를 찾아 도전한 사람들이 있습니다.

독자 중에는 "그래서 결국 뭐가 중요한데? 뭐가 알고 싶은 건데? 그런 걸 알아서 무엇에 쓸 건데?" 하는 딴지를 걸고 싶은 사람도 있겠지요. 당연한 반응입니다. 오히려 그렇게 생각하는 게 보통입니다. 그러므로 고시바 선생은 "다만 이런 연구에 장기간 세금을 쓸 수 있게 한 것은 감사히 여기고 있습니다"라고 말했던 겁니다. 많은 기초 과학 연구자는 고시바 선생과 같은 생각을 하며 연구를 이어가고 있습니다.

하지만 이러한 기초 과학 연구가 드물게, 정말로 드물게 영화나 음악과는 다른 방법으로 사회에 공헌하는 일이 있습니다. 그리고 어쩌면 성 연구자들은 성 스펙트럼이라는 새로운 개념을 제창하면서 현대 사회와 미래 사회에 공헌하고 있는 건지도 모릅니다. "성은 수컷과 암컷 양극단으로 이해할 것이 아니라 수컷에서 암컷으로 자연스럽게 이어지는 연속적인 표현형으로 이해해야 한다"라는 사고방식을 독자에게 공유할 수 있다면 분명히 사회는 더 풍요로워지고, 더 성숙해질 것입니다. 성 스펙트럼이라는 성 본래의 모습을 이해함으로써 사회에 공헌할 수 있다면 저와 같은 연구자가 이룩해 온 기초 연구도 의미 있게 평가받을 수 있을 것입니다. 그런 평가를 받을 수 있게 된다면 그저 감사할 따름입니다.

참고문헌

1장

1 A supergene determines highly divergent male reproductive morphs in the ruff. Clemens Küpper, Michael Stocks, Judith E Risse, Natalie dos Remedios, Lindsay L Farrell, Susan B McRae, Tawna C Morgan, Natalia Karlionova, Pavel Pinchuk, Yvonne I Verkuil, Alexander S Kitaysky, John C Wingfield, Theunis Piersma, Kai Zeng, Jon Slate, Mark Blaxter, David B Lank & Terry Burke *Nature Genetics* 48, 79-83, 2015 doi:10.1038/ng.3443

2 Structural genomic changes underlie alternative reproductive strategies in the ruff (*Philomachus pugnax*). Sangeet Lamichhaney, Guangyi Fan, Fredrik Widemo, Ulrika Gunnarsson, Doreen Schwo- chow Thalmann, Marc P Hoeppner, Susanne Kerje, Ulla Gustafson, Chengcheng Shi, He Zhang, Wenbin Chen, Xinming Liang, Lei-huan Huang, Jiahao Wang, Enjing Liang, Qiong Wu, Simon Ming-Yuen Lee, Xun Xu, Jacob Höglund, Xin Liu & Leif Andersson *Nature Genetics* 48, 84-88, 2015 doi:10.1038/ng.3430

3 Adaptive significance of permanent female mimicry in a bird of prey. Audrey Sternalski, François Mougeot, Vincent Bretagnolle *Biology letters* 8, 167-170, 2012 doi:10.1098/rsbl.2011.0914

4 Redox alters yellow dragonflies into red. Ryo Futahashi, Ryoji Kurita, Hiroaki Mano & Takema Fukatsu *Proc Natl Acad Sci USA* 109, 12626 –

12631, 2012 doi:10.1073/pnas.1207114109

5 トンボの体色変化と体色多型(二橋 亮)「蚕糸・昆虫バイオテック82」25-29, 2013

2장

6 *Our Stolen Future*: Theo Colborn, Dianne Dumanoski, John Peterson Myers(邦訳『奪われし未来』[翔泳社])

7 *The feminization of nature*: Deborah Cadbury(邦訳『メス化する自然—環境ホルモン汚染の恐怖』[集英社])

8 *Silent Spring*: Rachel Carson(邦訳『沈黙の春』[新潮文庫])

9 有吉佐和子『複合汚染』(新潮文庫)

10 An estimation of the number of cells in the human body. Eva Bianconi, Allison Piovesan, Federica Facchin, Alina Beraudi, Raffaella Casadei, Flavia Frabetti, Lorenza Vitale, Maria Chiara Pelleri, Simone Tassani, Francesco Piva, Soledad Perez-Amodio, Pierluigi Strippoli, Silvia Canaider Ann *Hum Biol.* 40(6):463-471, 2013 doi: 10.3109/03014460.2013.807878

11 桑村哲生『性転換する魚たち—サンゴ礁の海から』(岩波新書)

12 吉田重人, 岡ノ谷一夫『ハダカデバネズミ—女王・兵隊・ふとん係』(岩波科学ライブラリー)

13 Postreproductive killer whale grandmothers improve the survival of their grandoffspring. Stuart Nattrass, Darren P Croft, Samuel Ellis *Proc Natl Acad Sci USA* 116, 26669-26673, 2019 doi:10.1038/srep27213

14 Nearby grandmother enhances calf survival and reproduction in Asian elephants. Mirkka Lahdenpera, Khyne U Mar, Virpi Lummaa *Scientific Reports 6*, 27213, 2016 doi:10.1038/srep27213

3장

15 石川千代松,動物学雑誌 6, 265, 1894

16 Untersuchungen über die ersten Entwicklungsvorgänge in den Eiern der Insekten. Hermann Henking *Zeit Wiss Zool* 51, 685-736, 1891

17 Studies in spermatogenesis with especial reference to the "accessory chromosome". Nettie M Stevens *Carnegie Institution of Washington Publication*

36, 1-33, 1905

18 DMRT1 prevents female reprogramming in the postnatal mammalian testis. Clinton K Matson, Mark W Murphy, Aaron L Sarver, Michael D Griswold, Vivian J Bardwell, David Zarkower *Nature* 426, 101-104, 2011 doi:10.1038/nature10239

19 Somatic sex reprogramming of adult ovaries to testis by FOXL2 ablation. N Henriette Uhlenhaut, Susanne Jakob, Katrin Anlag, Tobias Eisenberger, Ryohei Sekido, Jana Kress, Anna-Corina Treier, Claudia Klugmann, Christian Klasen, Nadine I Holter, Dieter Riethmacher, Günther Schütz, Austin J Cooney, Robin Lovell-Badge, Mathias Treier *Cell* 139,1130-1142,2009 doi:10.1016/j.cell.2009.11.021

20 A gene from the human sex-determining region encodes a protein with homology to a conserved DNA-binding motif. Andrew H Sinclair, Philippe Berta, Mark S. Palmer, J. Ross Hawkins, Beatrice L Griffiths, Matthijs J Smith, Jamie W Foster, Anna-Maria Frischauf, Robin Lovell-Badge & Peter N Goodfellow *Nature* 346, 240-244, 1990 doi:10.1038/346240a0

21 A gene mapping to the sex-determining region of the mouse Y chromosome is a member of a novel family of embryonically expressed genes John Gubbay, Jerome Collignon, Peter Koopman, Blanche Capel, Androulla Economou, Andrea Munsterberg, Nigel Vivian, Peter Goodfellow & Robin Lovell-Badge *Nature* 346, 245- 250, 1990 doi:10.1038/346245a0

22 Male development of chromosomally female mice transgenic for Sry Peter Kroopman, John Gubby, Nigel Vivian, Peter Goodfellow & Robin Lovell-Badge *Nature* 351, 117-121, 1991 doi:10.1038/ 351117a0

23 DMY is Y-specific DM-domain gene required for male development in the medaka fish. Masaru Matsuda, Yoshitaka Nagahama, Ai Shinomiya, Tadashi Sato, Chika Matsuda, Tohru Kobayashi, Craig E Morrey, Naoki Shibata, Shuichi Asakawa, Nobuyoshi Shimizu, Hiroshi Hori, Satoshi Hamaguchi & Mitsuru Sakaizumi *Nature* 417, 559-563, 2002

24 A W-linked DM-domain gene, DM-W, participates in primary ovary development in Xenopus laevis. Shin Yoshimoto, Ema Okada, Hirohito Umemoto, Kei Tamura, Yoshinobu Uno, Chizuko Nishida-Umehara, Yoichi

Matsuda, Nobuhiko Takamatsu, Tadayoshi Shiba, Michihiko Ito. *Proc Natl Acad Sci USA* 105, 2469-2474, 2008

25 Tracing the emergence of a novel sex-determining gene in medaka, Oryzias luzonensis. Taijun Myosho, Hiroyuki Otake, Haruo Masuyama, Masaru Matsuda, Yoko Kuroki, Asao Fujiyama, Kiyoshi Naruse, Satoshi Hamaguchi, Mitsuru Sakaizumi *Genetics* 191, 163-170, 2012

26 Co-option of Sox3 as the male-determining factor on the Y chromosome in the fish Oryzias dancena Yusuke Takehana, Masaru Matsuda, Taijun Myosho, Maximiliano L Suster, Koichi Kawakami, Tadasu Shin-I, Yuji Kohara, Yoko Kuroki, Atsushi Toyoda, Asao Fujiyama, Satoshi Hamaguchi, Mitsuru Sakaizumi, Kiyoshi Naruse *Nature Communications* 5, 4157, 2014

27 A trans-species missense SNP in Amhr2 is associated with sex determination in the tiger Pufferfish, Takifugu rubripes (Fugu). Takashi Kamiya, Wataru Kai, Satoshi Tasumi, Ayumi Oka, Takayoshi Matsunaga, Naoki Mizuno, Masashi Fujita, Hiroaki Suetake, Shigenori Suzuki, Sho Hosoya, Sumanty Tohari, Sydney Brenner, Toshiaki Miyadai, Byrappa Venkatesh, Yuzuru Suzuki, Kiyoshi Kikuchi *PLOS Genetics*, 2012, doi.org/10.1371/journal.pgen.1002798

28 A SNP in a steroidogenic enzyme is associated with phenotypic sex in Seriola fishes. Takashi Koyama, Masatoshi Nakamoto, Kagayaki Morishima, Ryohei Yamashita, Takefumi Yamashita, Kohei Sasaki, Yosuke Kuruma, Naoki Mizuno, Moe Suzuki, Yoshiharu Okada, Risa Ieda, Tsubasa Uchino, Satoshi Tasumi, Sho Hosoya, Seiichi Uno, Jiro Koyama, Atsushi Toyoda, Kiyoshi Kikuchi, Takashi Sakamoto *Current Biology*, 2019, doi:10.1016/j.cub.2019.04.069

29 A Y-linked anti-Müllerian hormone duplication takes over a critical role in sex determination. Ricardo S Hattori, Yu Murai, Miho Oura, Shuji Masuda, Sullip K Majhi, Takashi Sakamoto, Juan I Fernandino, Gustavo M Somoza, Masashi Yokota, Carlos A. Strüssmann *Proc Natl Acad Sci USA* 109, 2955-2959, 2012

30 A single female-specific piRNA is the primary determiner of sex in the silkworm. Takashi Kiuchi, Hikaru Koga, Munetaka Kawamoto, Keisuke Shoji, Hiroki Sakai, Yuji Arai, Genki Ishihara, Shinpei Kawaoka, Sumio Sugano, Toru Shimada, Yutaka Suzuki, Masataka G. Suzuki, Susumu Katsuma *Nature* 509, 633-636, 2014

31 A Y-chromosome–encoded small RNA acts as a sex determinant in persimmons. Takashi Akagi, Isabelle M Henry, Ryutaro Tao, Luca Comai *Science* 346, 646-650, 2014

4장

32 The mechanism of pancreatic secretion. W M Bayliss and E. H. Starling *The Journal of Physiology* 28, 325-374, 1902

33 Transplantation der Hoden. Arnold A Berthold Arch. *Anat. Physiol. Wiss. Med.* 16, 42-46, 1849

34 ENDOCRINE HISTORY: The history of discovery, synthesis and development of testosterone for clinical use. Eberhand Nieschlag & Susan Nieschlag *Eur J Endocrinol* 180(6), R201-R212, 2019

35 Testes and rutting organs of the brown frog(*Rana Fusca*). Nussbaum M. Pflügers Arch *Eur J Physiol* 126, 519-577, 1909

36 Sexual drive and true secondary sexual characteristics as a result of internal secretory functions of the gonads. Steinach E. *Zbl Physiol* 24, 551-566, 1910

37 On the determination of secondary sexual characteristics in poultry. Albert Pézard *Cpt Rend Science* 153, 1027, 1911

38 Transplantation of the ovaries: an experimental study. *Archiv F Gyn.*, 1989

39 Reports on Medical & Surgical Practice in the Hospitals and Asylums of Great Britain, Ireland, and the Colonies. *Br Med J* 1897; 2:1000 doi:10.1136/bmj.2.1919.1000

40 Fertile females of the mole Talpa occidentalis are phenotypic intersexes with ovotestes. Rafael Jiménez, Miguel Burgos, Antonio Sánchez, Andrew H Sinclair, Francisco J Alarcón, Juan J Marín, Es- peranza Ortega, Rafael Díaz de la Guardia *Development* 118(4), 1303-1311, 1993

41 Responses to pup vocalizations in subordinate naked mole-rats are

induced by estradiol ingested through coprophagy of queen's feces. Akiyuki Watarai, Natsuki Arai, Shingo Miyawaki, Hideyuki Okano, Kyoko Miura, Kazutaka Mogi, Takefumi Kikusui *Proc Natl Acad Sci USA* 115, 9264-9269, 2018

42「骨粗鬆症の予防と治療ガイドライン」2015 年版,骨粗鬆症の予防と治療ガイドライン作成委員会(日本骨粗鬆症学会,日本骨代謝学会,骨粗鬆症財団)編集 委員長 折茂肇

43 Suppressive function of androgen receptor in bone resorption. Hirotaka Kawano, Takashi Sato, Takashi Yamada, Takahiro Matsumoto, Keisuke Sekine, Tomoyuki Watanabe, Takashi Nakamura, Toru Fukuda, Kimihiro Yoshimura, Tatsuya Yoshizawa, Ken-ichi Aihara, Yoko Yamamoto, Yuko Nakamichi, Daniel Metzger, Pierre Chambon, Kozo Nakamura, Hiroshi Kawaguchi, Shigeaki Kato *Proc Natl Acad Sci USA* 100, 9416-9421, 2003

44 Mosaic loss of chromosome Y in peripheral blood is associated with shorter survival and higher risk of cancer. Lars A Forsberg, Chiara Rasi, Niklas Malmqvist, Hanna Davies, Saichand Pasulati, Geeta Pakalapati, Johanna Sandgren, Teresita Diaz de Ståhl, Ammar Zaghlool, Vilmantas Giedraitis, Lars Lannfelt, Joannah Score, Nicholas CP Cross, Devin Absher, Eva Tiensuu Janson, Cecilia M Lindgren, Andrew P Morris, Erik Ingelsson, Lars Lind, Jan P Dumanski *Nature Genetics* 46, 624-628, 2014

45 GWAS of mosaic loss of chromosome Y highlights genetic effects on blood cell differentiation. Chikashi Terao, Yukihide Momozawa, Kazuyoshi Ishigaki, Eiryo Kawakami, Masato Akiyama, Po-Ru Loh, Giulio Genovese, Hiroki Sugishita, Tazro Ohta, Makoto Hirata, John R B Perry, Koichi Matsuda, Yoshinori Murakami, Michiaki Kubo, Yoichiro Kamatani *Nature Communications* 10, 4719, 2019

5장

46 Sexually dimorphic neuropeptide B neurons in medaka exhibit activated cellular phenotypes dependent on estrogen. *Endocrinology* 160, 827-839, 2019 Yukiko Kikuchi, Towako Hiraki-kajiyama, Mikoto Nakano, Chie Umatani, Shinji Kanda, Yoshitaka Oka, Keisuke Matsumoto, Hitoshi Ozawa,

Kataaki Okubo doi:10.1210/en. 2019-00030

47 Sex differences in metabolic pathways are regulated by Pfkfb3 and Pdk4 expression in rodent muscle. Antonius Christianto, Takashi Baba, Fumiya Takahashi, Kai Inui, Miki Inoue, Mikita Suyama, Yu- suke Ono, Yasuyuki Ohkawa, Ken-ichirou Morohashi *Communications Biology* 4, 1264, 2021 doi:10.1038/s42003-021-02790-y

6장

48 Biomechanics of the Peacock's Display: How Feather Structure and Resonance Influence Multimodal Signaling. Roslyn Dakin, Owen McCrossan, James F. Hare, Robert Montgomerie, Suzanne Amador Kane *PLOS ONE* 11(4)e0152759 doi:10.1371/journal. pone.0152759

49 A role for strain differences in waveforms of ultrasonic vocalizations during male-female interaction. Hiroki Sugimoto, Shota Okabe, Masahiro Kato, Nobuyoshi Koshida, Toshihiko Shiroishi, Kazutaka Mogi, Takefumi Kikusui, Tsuyoshi Koide *PLOS ONE* 6(7):e22093, 2011 doi:10.1371/journal.pone.0022093

50 Neural, not gonadal, origin of brain sex differences in a gynandromorphic finch Robert J Agate, William Grisham, Juli Wade, Su- zanne Mann, John Wingfield, Carolyn Schanen, Aarno Palotie, Arthur P Arnold *Proc Natl Acad Sci USA* 100, 4873-4878, 2003

51 Estrogen receptor 2b is the major determinant of sex-typical mating behavior and sexual preference in medaka. Yuji Nishiike, Daichi Miyazoe, Rie Togawa, Keiko Yokoyama, Kiyoshi Nakasone, Masayoshi Miyata, Yukiko Kikuchi, Yasuhiro Kamei, Takeshi Todo, Tomoko Ishikawa-Fujiwara, Kaoru Ohno, Takeshi Usami, Yoshitaka Nagahama, Kataaki Okubo *Current Biology* 31, 1699-1710, 2021 doi:10.1016/j.cub.2021.01.089

52 Sexual orientation in Drosophila is altered by the satori mutation in the sex-determination gene fruitless that encodes a zinc finger protein with BTB domain. Hiroki Ito, Kazuko Fujitani, Kazue Usui, Keiko Shimizu-Nishikawa, Shoji Tanaka, Daisuke Yamamoto *Proc Natl Acad Sci USA* 93, 9687-9692, 1996

옮긴이 **김종현**

서울 대학교에서 생명과학과 아시아언어문명학을 전공했다. 현재 도쿄 대학교 대학원에 진학하여 석사 과정을 마치고 박사 과정에 재학 중이다. 진화학의 한 분야인 집단유전학을 주전공으로 하며 특히 고인류 유전체 분석을 통한 인류 집단의 이동 및 교류의 역사를 밝히는 데에 힘 쓰고 있다. 대표 출판 논문에는 〈도이가하마 유적 야요이인 개체의 유전 분석을 통한 일본 열도 이주민 기원 연구〉〈고대 유전체 분석에 기반한 북서부 규슈 야요이인의 초기 혼합과 유전적 다양성〉 등이 있다.

자연은 성을 둘로 나누지 않는다

초판 1쇄 발행　　　2026년 2월 27일

지은이　　　　모로하시 겐이치로
옮긴이　　　　김종현
책임편집　　　권오현
디자인　　　　윤철호

펴낸곳　　　　(주)바다출판사
주소　　　　　서울시 서대문구 신촌로3길 15 6층
전화　　　　　02-322-3885(편집), 02-322-3575(마케팅)
팩스　　　　　02-322-3858
이메일　　　　badabooks@daum.net
홈페이지　　　www.badabooks.co.kr

ISBN　　　　　979-11-6689-395-7 03470